中国电子教育学会高教分会推荐

普通高等教育"十三五"规划教材

新编 C 语言程序设计教程

主　编　何　旭　贾　若

副主编　杜少波　范　敏　刘　军

参　编　唐有斌　焦　华　张　俊

西安电子科技大学出版社

内 容 简 介

本书分为基础篇、程序设计基础篇和程序设计提高篇三个部分，分别介绍 C 语言的基本语法、程序结构和基本程序的设计方法。全书 11 个项目均以知识目标、能力目标和引例起始，内容编写遵循读者的认知规律并注意相关知识的内在逻辑关系。本书强调实践，以自学为基础，重点介绍编程方法，培养读者的编程能力。全书贯穿过程化思想、数学思想和数学建模思想。

本书既可作为普通高等教育的教材，也可作为广大 C 语言爱好者的自学参考书。

图书在版编目(CIP)数据

新编 C 语言程序设计教程 / 何旭，贾若主编. —西安：西安电子科技大学出版社，2018.8
ISBN 978–7–5606–5050–0

Ⅰ. ① 新…　Ⅱ. ① 何…　② 贾…　Ⅲ. ① C 语言—程序设计—教材　Ⅳ. ① TP312.8

中国版本图书馆 CIP 数据核字(2018)第 174431 号

策划编辑　毛红兵
责任编辑　毛红兵
出版发行　西安电子科技大学出版社(西安市科技路 41 号)
电　　话　(029)88242885　88201467　　邮　　编　710071
网　　址　www.xduph.com　　　　　　电子邮箱　xdupfxb001@163.com
经　　销　新华书店
印刷单位　北京虎彩文化传播有限公司
版　　次　2018 年 8 月第 1 版　　2018 年 8 月第 1 次印刷
开　　本　787 毫米×1092 毫米　1/16　印　张　19.5
字　　数　462 千字
印　　数　1～1000 册
定　　价　48.00 元

ISBN 978-7-5606-5050-0 / TP

XDUP 5352001-1

如有印装问题可调换

前　言

　　C 语言具有功能强、结构清晰、程序移植性好等特点，适用于系统软件和应用软件开发。C 语言已经成为高等学校计算机程序设计基础课程，掌握 C 语言是学习后续程序设计课程的基础。

　　本书由基础篇、程序设计基础篇和程序设计提高篇三个部分组成。基础篇介绍了程序设计的基础知识，包括 C 语言概述、C 语言表达式和算法三个项目；程序设计基础篇介绍了程序设计的基本结构和基本方法，包括顺序结构程序设计、选择结构程序设计、循环结构程序设计、数组和函数五个项目；程序设计提高篇介绍灵活的数据结构，包括指针、结构体与共用体、文件三个项目。全书层次清楚，结构分明。

　　本书立足于程序设计，培养学生的编程能力，遵循读者的认知规律，从易学、易用的角度出发，以大量的实例展开对知识点的解析。内容由浅入深，循序渐进，注重引导读者用过程化思想、数学思想和数学建模思想去学习和掌握 C 语言程序设计。

　　本书的主要特点如下：

　　(1) 内容结构方面：分为基础篇、程序设计基础篇和程序设计提高篇三个部分。

　　(2) 项目体系方面：按照项目化方式编写，体现项目化的应用，每个项目通过知识目标、能力目标和引例强化应学、应会的知识点。

　　(3) 实践能力方面：强化知识点的应用能力培养，强化基本程序设计方法的应用能力培养。

　　(4) 教学案例方面：采用类比分析法实现一题多解。

　　(5) 逻辑方面：强化过程化思想应用(体现认知规律，反映知识点的内在逻辑，强化程序执行过程)。

　　(6) 辅助功能方面：用"即时通"引导读者理解、思考。

　　本书由贵州商学院何旭和贾若担任主编，参与本书编写的人员还有贵州商学院杜少波、焦华、唐有斌、张俊及青岛恒星科技学院范敏和刘军。全书由何旭和杜少波统稿。

　　本书在编写过程中参考了国内出版的相关的 C 语言程序设计方面的教材，并引用了相关的部分内容，在此对相关作者表示感谢。

　　由于编者水平有限，书中疏漏之处在所难免，敬请广大读者批评指正。

编　者

2018 年 6 月

目　　录

基　础　篇

程序设计基础篇

程序设计提高篇

基 础 篇

项目一　C 语言概述

【知识目标】
◆ 了解计算机语言的发展。
◆ 了解 C 语言的发展、特点和应用。
◆ 了解 C 语言的基础语法。
◆ 掌握 C 语言程序的基本结构、完整结构和简单的编程思路。
◆ 掌握 C 语言程序的上机调试过程。

【能力目标】
◆ 编写简单的 C 语言程序。
◆ 上机调试运行 C 语言程序。

【引例】
已知梯形的上底、下底和高分别是 10、15、5，用 C 语言编程求梯形的面积。

任务 1　程序设计语言的发展

程序设计语言(计算机语言)是人与计算机之间交换信息的工具，是人们仿真对象工作过程而设计的一种具有特定语法语义的符号集合。程序设计语言一般分为机器语言、汇编语言和高级语言三类。

一、机器语言(20 世纪 40 年代产生)

机器语言是用二进制表示的语言，也称为二进制语言，例如代码 10000000 表示加法操作，而代码 10010000 表示减法操作。机器语言是由计算机硬件决定的(主要是 CPU 指令系统)，因此，难记难理解，容易出错，不直观，移植性差，通用性差，但用它编写的程序机器可以直接执行。机器语言属于低级语言，主要应用于计算机内部运算。

二、汇编语言(20 世纪 50 年代产生)

汇编语言是符号语言，主要使用助记符表示操作功能，例如，助记符 ADD 表示加法运算，助记符 SUB 表示减法运算。用汇编语言编写的程序称为汇编语言源程序。

每一种 CPU 有规定的助记符(即指令系统)，与机器语言相比，用汇编语言编写的程序易读、易检查、易修改。由于计算机可直接执行的是二进制语言，用汇编语言编写的程序必须编译成二进制语言才能执行。汇编语言仍然与 CPU 有关，所以通用性不强，主要应用于控制方面。

三、高级语言(20 世纪 50 年代后期产生)

高级语言是接近于自然语言的语言，是由汉语、英语和数学语言组成的语言，是面向用户的语言，例如 Basic 语言、C 语言等。

用高级语言编写的程序称为高级语言源程序。高级语言的特点是有良好的通用性和可移植性，但计算机不能直接识别和执行这种程序，执行时必须翻译成机器语言。翻译的方式有两种：一种是解释方式，由解释程序完成，边解释成机器语言边执行，例如 Basic；另一种是编译方式，由编译程序完成，整体编译成二进制语言程序后执行，例如 C 语言。程序设计语言的发展如图 1-1 所示。

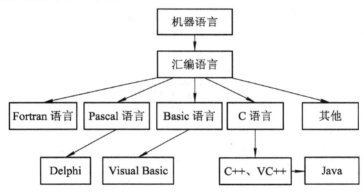

图 1-1   程序设计语言的发展

任务 2   C 语言的发展

1972 年，美国贝尔实验室的丹尼斯·里奇(Dennis M. Ritchie)设计了 C 语言的最初版本，后经多次修改完善。1978 年，贝尔实验室的布莱恩·W·科宁汉(Brian W. Kernighan)和丹尼斯·里奇合著了影响深远的名著《C 程序设计语言》(The C Programming Language)，从此，C 语言开始作为一种通用语言被广泛应用并快速发展，目前，C 语言已成为世界上流行最广泛的高级程序设计语言。

C 语言功能强大，使用灵活，既可用于开发应用软件，又可用于开发系统软件。因此，自 20 世纪 90 年代初 C 语言在我国推广以来，学习和使用 C 语言的人越来越多，熟练掌握 C 语言已经成为计算机软件开发人员的一项基本功。

任务 3　C 语言的特点

C 语言有以下几方面的特点：

(1) C 语言适应性强，它能适应从 8 位微型机到巨型机的所有机型。

(2) 应用范围广，它适用于开发系统软件和各个领域的应用软件。

(3) C 语言的表达能力强。C 语言是结构化程序设计语言，通用直观，运算符丰富(见附录 3)，涉及范围广，功能强，可以直接访问物理地址，进行位操作，能实现汇编语言的部分功能，可以直接对计算机硬件编程操作。因此，C 语言既有高级语言功能，又有低级语言的部分功能，称其为"中级语言"。

(4) C 语言简洁，使用方便、灵活。C 语言具有 32 个关键字(见附录 1)，10 种基本语句(见附录 2)。

(5) C 语言数据结构丰富。C 语言具有现代语言的各种数据结构，因此，它有很强的数据处理能力。

(6) C 语言生成的目标代码质量高，程序执行效率高。C 语言易懂、易编程、易修改、易移植。

任务 4　C 语言的应用

C 语言主要有以下几方面的应用：

(1) C 语言可以用来开发系统软件和应用软件。C 语言的优越性在于其对硬件的操作能力。

(2) 用于游戏软件的开发，因为 C 语言在图形、图像及动画处理方面很有优势。

(3) 通信程序的编制首选 C 语言。

(4) C 语言适用于多种操作系统，如 Windows、Unix、Linux 等都支持 C 语言。

任务 5　认识简单的 C 语言程序

学习 C 语言，首先从认识 C 语言程序开始，下面通过例题进行说明。

【例 1-1】 已知梯形的上底、下底和高分别是 10、15、5，用 C 语言编程求梯形的面积。

方法一： 用赋值语句"="给变量赋初值。

程序代码：

```
#include<stdio.h>                 /*输入输出函数预处理*/

#include<conio.h>

int main()                        /*主函数、无参数*/
```

```
    {
        int a, b, h;                        /*定义整型变量 a, b, h, 并申请存储单元*/
        float s;                            /*定义实型变量 s, 并申请存储单元*/
        a=10;                               /*给变量 a 赋值 10*/
        b=15;                               /*给变量 b 赋值 15*/
        h=5;                                /*给变量 h 赋值 5*/
        s=((a+b)*h)/2.0;                    /*计算并赋值*/
        printf("%d,%d,%d\n",a,b,h);         /*显示(输出)a, b, h 为整型数*/
        printf("%f\n",s);   /*显示(输出)s 为实型数*/
        return 0;
    }
```

程序运行结果如图 1-2 所示。

图 1-2　例 1-1 方法一程序运行结果

方法二： 在定义变量时给变量赋初值。

程序代码：

```
    #include<stdio.h>          /*输入输出函数预处理*/
    #include<conio.h>
    int main()                          /*主函数、无参数*/
    {
        int a=10,b=15,h=5;              /*定义整型变量 a, b, h 并赋值，申请存储单元*/
        float s;                        /*定义实型变量 s, 并申请存储单元*/
        s=((a+b)*h)/2.0;                /*计算并赋值*/
        printf("%d,%d,%d\n",a,b,h);     /*显示(输出)a, b, h 为整型数*/
        printf("%f\n",s);               /*显示(输出)s 为实型数*/
        return 0;
    }
```

程序运行结果如图 1-3 所示。

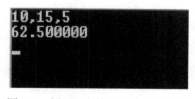

图 1-3　例 1-1 方法二程序运行结果

方法三：用格式输入函数 scanf()给变量赋初值。

程序代码：

```c
#include<stdio.h>                        /*输入输出函数预处理*/
#include<conio.h>
int main()                              /*主函数、无参数*/
{
    int a,b,h;                          /*定义整型变量 a, b, h，并申请存储单元*/
    float s;                            /*定义实型变量 s，并申请存储单元*/
    scanf("%d%d%d",&a,&b,&h);           /*从键盘上输入数据给 a, b, h */
    s=((a+b)*h)/2.0;                    /*计算并赋值*/
    printf("%d,%d,%d\n",a,b,h);         /*显示(输出)a,b,h 为整型数*/
    printf("%f\n",s);                   /*显示(输出)s 为实型数*/
    return 0;
}
```

程序运行结果如图 1-4 所示。

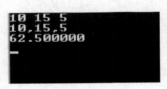

图 1-4　例 1-1 方法三程序运行结果

即时通

(1) 变量赋初值的方式有三种，即"="赋值、定义时赋值和 scanf()赋值，分别使用于方法一、方法二、方法三。

(2) /* 和 */ 为注释表示部分，是多行表示法。它只作说明，不执行，方便用户阅读理解程序。注释部分可以是英语或汉字。VC++ 中用//表示单行注释，注释内容若有换行，必须重新使用"//"。

(3) 变量定义(数据类型定义，C 语言程序中的变量必须先定义后使用)。

```c
int a,b,c;      //定义变量 a, b, c 为整型
float s;        //定义变量 s 为实型
```

(4) 62.500000 是实数输出的标准形式。

(5) 格式化输出、输入函数 printf( )和 scanf( )简介。

① 格式化输出函数 printf( )。

格式：

```c
printf("输出格式控制", [输出项表]);          /*[]表示可选项*/
```

例如：

```c
printf("%d%d%f%c",a,b,c,d);
```

说明如下：

a. "格式控制"是用双引号括起来的字符串，包括以下两个部分：

● 格式说明：由%和格式字符组成，如%d、%f，它的作用是将对应的数据按指定格式输出，如 printf("%d%d%f%c",a,b,c,d);，%d 对应 a，%d 对应 b，%f 对应 c，%c 对应 d(d 为整型，f 为实型，c 为字符型)。

● 普通字符："格式控制"中的字符原样输出，例如 printf("a=%d,x=%f",a,x)；中的 a=、x=。

b. "输出项表"是指输出的对应数据表达式(可以是常量、变量、表达式)。

【例 1-2】　张辉同学的期中考试成绩是：语文 87 分、数学 74.8 分，编程求其总分。

程序代码：

```
#include<stdio.h>
#include<conio.h>
int main()
 {
    int x;
    float y, s;
    x=87;
    y=74.8;
    printf("x=%d, y=%f, s=%6.2f", x, 74.8, x+y);
    return 0;
 }
```

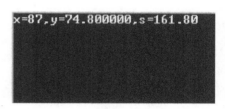

图 1-5　例 1-2 程序运行结果

程序运行结果如图 1-5 所示。

功能：计算并输出。

例如：

```
printf("x=%d, y=%f, s=%f", x, 74.8, x+y);
```

其中，x=、y=、s= 是提示项，x+y 是表达式，首先计算 x+y，然后输出 x+y 的值。

② 格式化输入函数 scanf( )。

格式：

```
scanf("输入格式控制", 输入项地址表);
```

例如：

```
scanf("%d%f",&a,&b);
```

说明如下：

a. 格式控制中只识别格式控制符，例如 %d%f。

b. 格式控制符之间的分隔号可有可无。有分隔号时，输入数据时用该分隔号分隔；无分隔号时，输入数据用空格号或回车键分隔。

c. 格式控制中可以有其他字符，但在程序执行时必须输入，例如 scanf("a,b=%d,%d", &a,&b);，输入时应该是 a,b=23,54。

功能：程序执行时，从键盘上把数据输入到指定的变量(存储单元)中。

【例 1-3】　现有联想 K900 智能手机 23 台，每台的零售单价为 2998.5 元，编程求这批手机的零售总额。

程序代码：

```
#include <stdio.h>
#include <conio.h>
int main()
{
    int x;
     float y,sum;
    scanf("%d%f",&x,&y);
    sum=x*y;
    printf("sum=%f\n",sum);
    return 0;
}
```

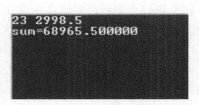

图 1-6　例 1-3 程序运行结果

程序运行结果如图 1-6 所示。

运行程序时输入 x、y 的值：

23 2998.5(回车)

结果为：

sum=68965.500000

&是地址运算符，&a 指 a 在内存中的地址，即 a 是符号地址，如 scanf("%d,%f",&x,&y);，则输入数据形式为"23,2998.5"即可。

任务 6　C 语言的语法规则

C 语言的语法规则如下：

(1) C 语言中严格区别大小写字母。

(2) C 语言中每条语句必须以"；"为结束标志。

(3) C 语言程序中的注释用"/*...*/"表示，C++ 中也可以用"//"表示注释，可提高程序的可读性。

(4) C 语言程序在书写时比较自由，一行上可以书写多条语句，语句之间用分号隔开。

(5) #include 是一条预处理命令，C 语言程序中调用库函数(见附录 5)时使用，其功能是把库函数文件的内容包含进来，将程序中库函数换为处理文件(程序)，提高编译效率。C 语言提供了<math.h>(数学函数头文件)、<string.h>(字符串函数头文件)、<ctype.h>(字符函数头文件)、<stdio.h>(输入输出函数头文件)、<stdlih.h>或<malloc.h>(动态分配函数头文件)(可以表示为 "math.h"、"stdio.h"、"string.h"、"ctype.h"、"stdlih.h" 或 "malloc.h")。例如：#include<math.h>或 #include"math.h"。

任务 7　C 语言程序结构

C 语言程序是由函数组成的，函数分为库函数(标准函数)和自定义函数(程序)。C 语言的库函数是由系统提供的可以直接使用的一类函数(例如平方根函数 sqrt(x)，其功能是由一段程序来完成的，这段程序不需要用户编制)，而自定义函数是我们编制的程序。下面主要介绍 C 语言的自定义函数。

一、函数的结构

函数的结构是指函数的表现形式。

1. 函数定义的一般形式

函数的一般形式包括了函数的所有内容，往往要求返回函数值，它的形式如下：

```
    函数类型  函数名(形式参数表)      /*函数首部*/
    {
        变量说明；
        语句；
    }
```

例如，已知两个数，编一段程序(函数)求其中的最小数，程序如下：

```
    int min(int x,int y)        /*子函数，开头的 int 定义 min 函数值是整型，x, y 为形式参数*/
    {
        int z;                  /*定义整型变量 z */
        if(x<y)  z=x;           /*条件判断语句 */
        else   z=y;             /*条件语句的子句*/
        return(z);              /*返回函数值 z*/
    }
```

程序由函数首部和函数体组成，函数首部又由函数类型、函数名、函数参数(形式参数)名和函数参数类型组成，例如 int min(int x、int y);，函数体由变量说明和语句组成。上述程序段将在例 1-6 中调用。

2. 函数的特殊结构形式

函数的特殊形式只有函数的基本内容，它表示该函数用以完成指定的功能，一般不返回函数值，它的形式如下：

```
    void   函数名()           /* void 为空类型*/
    {
        变量说明；
        语句；
    }
```

【例 1-4】 编写一个函数程序，输出下列图形。

&&&***&&&

&&&

程序代码：

```
#include<stdio.h>
int    main()
{
    void prt();              /*函数说明*/
    prt();                   /*调用函数*/
    return 0;
}
void prt();
{
    printf("&&&***&&&\n");
    printf("***&&&***\n");
}
```

即时通

程序中的 prt()是一个函数，特殊之处在于函数 prt()没有参数、没有类型。函数只是完成一个功能。

二、C 语言程序的基本结构

所谓 C 语言程序的基本结构是指 C 语言程序中不可缺少的部分，即主函数 main()，其结构形式如下：

```
预处理命令
函数类型 main()
{
    变量说明;
    语句;
}
```

【例 1-5】 已知甲公司第三门市部 2013 年 5 月、6 月联想 K900 手机的零售量分别为 147 和 173，联想 K900 手机每台的零售价是 2998.5 元，求两个月的零售总额。

程序代码：

```
#include<stdio.h>                    /*输入输出函数预处理 */
#include<conio.h>
int main()                           /*主函数、无参数*/
```

```
    {
        int x,y;                        /*定义整型变量 x,y*/
        float m=2998.5,sum;             /*定义实型变量 m,sum*/
        x=147;                          /*给变量 x 赋值 147*/
        y=172;                          /*给变量 y 赋值 172*/
        sum=x*m+y*m;                    /*计算并赋值*/
        printf("%f\n",sum);             /*显示(输出)sum 为实型数，\n 表示换行*/
        return 0;
    }
```

程序运行结果如图 1-7 所示。

图 1-7　例 1-5 程序运行结果

即时通

(1) 主函数 main 是函数的特殊形式，它的函数类型是 int，main 函数没有形式参数。

(2) C 程序由一个 main 主函数组成，每一个 C 程序必须有且只有一个主函数。"{ }"为函数体，一般由变量说明和若干条语句组成。

(3) "/*……*/"表示注释，用于提高程序的可读性。注释不执行，它可以放在程序中的任何地方。

(4) 程序中 int 定义变量 x, y 为整型变量，float 定义 m, sum 为实型变量，C 语言中，变量使用之前必须定义，定义变量就是给变量申请存储空间，规定数据结构。

(5) #include 是预处理命令，<stdio.h>表示程序中要用到输入输出函数。VC++ 6.0 中必须用预处理命令 #include<stdio.h>。

三、C 语言程序的完整结构

所谓完整结构是指 C 语言程序由多个函数组成的形式，即由主函数和子函数(主程序和子程序)组成。其结构形式如下：

```
    预处理命令
    函数类型 main()
    {
        变量说明；
        语句；
    }
    函数类型　函数名(形式参数表)
    {
        变量说明；
        语句；
    }
```

【例 1-6】 从键盘上输入任意两个整数，求其中小的一个数。

程序代码：

```
#include<stdio.h>              /*输入输出函数预处理*/
#include<conio.h>
int main()                     /*主函数、无参数*/
{
    int min(int x, int y);     /*函数说明*/
    int a,b,c;                 /*定义整型变量 a, b, c */
    scanf("%d,%d",&a,&b);      /*从键盘上输入数据给变量 a, b*/
    c=min(a,b);                /*调用 min 函数，min 是自定义函数*/
    printf("min=%d", c);       /*显示(输出)最小值*/
    return 0;
}
int min(int x,int y)       /*子函数，开头的 int 定义 min 函数值是整型，x、y 为形式参数*/
{    int z;                    /*定义整型变量 z*/
    if(x<y) z=x;               /*条件判断语句  */
      else z=y;                /*条件语句的子句*/
        return(z);             /*返回函数值 z */
}
```

图 1-8   例 1-6 程序运行结果

程序运行结果如图 1-8 所示。

例 1-6 程序的执行过程是：运行程序→输入 a, b 的值→调用 min→执行 min 得到 z 值→返回主程序→赋值给 c→(顺序执行)→输出 c→结束。

即时通

(1) 程序包括主函数 main()和被调用函数 min 子函数。

(2) 子函数 min 的作用是求出最小值，它是函数的一般形式。

(3) C 语言程序的基本单位是函数，一个 C 程序可以由多个函数组成。

(4) C 程序执行从 main 开始。

可见，C 程序的主函数 main()是 C 语言程序的特殊形式。

四、C 语言程序的基本组成

程序一般由三个基本部分组成。

(1) 输入数据部分，即是给变量赋初值。

(2) 计算处理部分，即是算法(程序)的核心部分。

(3) 输出结果部分，即是程序的结果显示。

任务8 C语言程序设计入门

在学习 C 语言的过程中，程序设计入门比较困难，经过调查，其原因之一是学习者数学思维比较差，学习方法有问题。下面通过实例比较学习，培养学生的编程能力。

【例 1-7】 已知圆柱体的半径和高分别是 6 m、12 m，求圆柱体的体积。

(1) 数学解法。为了理清解题思路，我们首先使用数学方法解题。

假设：半径为 r，高为 h，体积为 v，圆周率为 π   /*假设变量*/

已知：$r=6$，$h=12$，$π=3.14$ /*定义已知值*/

求解： $v=πr^2h$ /*公式计算并处理*/

                        $=3.14×6^2×12$

                        $=1356.48\,m^3$

答：圆柱体的体积为 1356.48 m³。   /*结论*/

即时通

解题步骤：变量假设→已知→计算求解→回答。

(2) 编写程序。根据数学解题思路，使用 C 语言实现解题如下。

方法一：用赋值语句"="给变量赋初值。

程序代码：

```
#include<stdio.h>              /*输入输出函数预处理*/
int main()                     /*主函数、无参数*/
{
    int r,h;                   /*定义整型变量 r,h*/
    float v,pi=3.14;           /*定义实型变量 v*/
    r=6;                       /*给变量 r 赋值 6*/
    h=12;                      /*给变量 h 赋值 12 */
    v=pi*r*r*h;                /*计算并赋值*/
    printf("v=%f\n",v);        /*显示(输出)v，"v="为显示提示*/
    return 0;
}
```

程序运行结果如图 1-9 所示。

图 1-9 例 1-7 方法一的程序运行结果

即时通

① 解题过程：定义变量→输入数据→计算处理→输出(显示)结果。

② 学习程序设计的核心是数学，即建立数学模型(公式等)是关键，语言本身只是实现算法(仿真)的工具。

③ 编程时，首先要理清数学解题思路及步骤，即完成编程中的算法(见项目三)设计。

④ 数学解法：变量假设→已知→计算求解→回答。C 程序解法：定义变量→输入数据→计算处理→显示结果。可见，这两种解法中的四个步骤分别对应，只是表达方式不同而已。

⑤ 程序仍然可以实现一题多解，实现数学思想的应用，体现程序设计的灵活性。

方法二：在定义变量时给变量赋初值。

程序代码：

```c
#include<stdio.h>              /*输入输出函数预处理*/
int main()                     /*主函数、无参数*/
{
    int r=6,h=12;              /*定义整型变量 r, h 并赋值，同时申请存储单元*/
    float v,pi=3.14;           /*定义实型变量 v, pi 并申请存储单元*/
    v=pi*r*r*h;                /*计算并赋值*/
    printf("v=%f\n",v);        /*显示(输出)v，"v="为显示提示*/
    return 0;
}
```

程序运行结果如图 1-10 所示。

图 1-10　例 1-7 方法二的程序运行结果

方法三：用格式输入语句 scanf()给变量赋初值。

程序代码：

```c
#include<stdio.h>               /*输入输出函数预处理*/
#include<conio.h>
int main()                      /*主函数、无类型、无参数*/
{
```

```
    int r,h;                        /*定义整型变量 r, h 并申请存储单元*/
    float v;                        /*定义实型变量 v 并申请存储单元*/
    scanf("%d,%d",&r,&h);           /*从键盘上输入数据给变量 r,h*/
    v=3.14*r*r*h;                   /*计算并赋值*/
    printf("v=%f\n",v);             /*显示(输出)v 为实型数*/
    return 0;
}
```

程序运行结果如图 1-11 所示。

图 1-11　例 1-7 方法三的程序运行结果

任务 9　C 语言的上机运行步骤

　　C 语言是一种高级语言，用 C 语言编写的程序称为源程序，它必须经过编译、连接成可执行程序之后才能执行。这个过程是由 C 语言处理系统提供的编译系统完成的。所以，C 程序的上机执行过程一般要经过四个步骤，即编辑、编译、连接、运行过程，如图 1-12 所示。

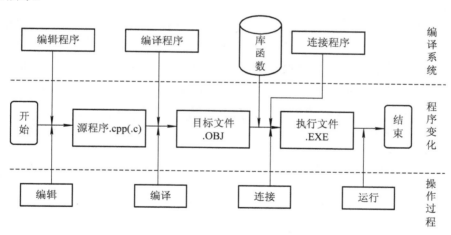

图 1-12　编辑、编译、连接、运行过程图

一、编辑

　　编辑是用户把编写好的 C 语言源程序输入计算机后，并以文件的形式存放在磁盘上的过程。源程序的文件格式(标识)为："文件名.cpp(.c)"。其中文件名是由用户指定的合法

标识符，扩展名为"$.cpp(.c)$"。编辑工作的内容就是输入、修改源程序(即在 VC++ 6.0 环境下编辑程序)。

二、编译

编译是把 C 语言源程序翻译成用二进制指令表示的目标程序文件。编译过程是由 C 编译系统提供的编译程序完成的。编译生成的目标程序文件与源程序同名，但文件扩展名为："$.obj$"。编译工作的内容之一是自动检查源程序句法和语法，当发现错误时，就将错误的类型和位置显示出来，方便用户修改源程序中的错误。

三、连接

经过编译产生的目标程序不能直接执行，必须使用系统提供的连接程序(也称链接程序或装配程序)将目标程序和程序中用到的库函数连接装配成可执行的程序文件。可执行程序文件与源程序文件同名(在没有创建工程名称时同名，否则与工程名称同名)，扩展名为"$.exe$"。

四、运行

运行工作是运行可执行程序，即"$.exe$"文件，以获取程序处理的结果。如果程序运行结果不正确，可重新回到第一步，重新对程序进行编辑修改、编译和运行。与编译、连接不同的是运行程序可以脱离语言处理环境，因为它是对一个可执行程序进行操作，与 C 语言本身已经没有联系，可见，C 程序可以在语言开发环境下运行，也可以直接在操作系统下运行。

【例 1-8】 已知一个任意三角形的三边分别是 10 cm、6 cm、13 cm，求三角形的面积。

分析：计算三角形面积的方法很多，根据条件的不同使用的方法不同，该题中已知三角形的三边，可以使用海伦公式计算三角形的面积：

$$v = \frac{a+b+c}{2}, \ s = \sqrt{v(v-a)(v-b)(v-c)}$$

(1) 数学解题步骤。

假设：三角形的三边分别为 a、b、c，三边和的一半为 v，三角形的面积为 s。

已知：$a=10$，$b=6$，$c=13$。

计算：

$$v = \frac{a+b+c}{2} = \frac{10+6+13}{2} = 14.5$$

$$s = \sqrt{v(v-a)(v-b)(v-c)} = \sqrt{14.5(14.5-10)(14.5-6)(14.5-13)}$$
$$= \sqrt{831.9375} = 28.843327 \ \text{cm}^2$$

答：三角形的面积为 $28.843327 \ \text{cm}^2$。

(2) 按照数学解题思路,使用 C 语言进行程序设计。

程序代码:

```
#include<math.h>              /*数学函数预处理*/
#include<stdio.h>             /*输入输出函数预处理*/
#include<conio.h>
void main()                   /*主函数、无类型、无参数*/
{    int a,b,c;                /*定义整型变量 a, b, c 并申请存储单元*/
     float v,s;                /*定义实型变量 v, s 并申请存储单元*/
     a=10;                     /*给变量 a 赋值 10*/
     b=6;                      /*给变量 b 赋值 6*/
     c=13;                     /*给变量 c 赋值 13*/
     v=(a+b+c)/2.0;            /*计算并赋值*/
     s=sqrt(v*(v-a)*(v-b)*(v-c));  /*计算并赋值, sqrt( )是平方根函数*/
     printf("%d,%d,%d\n",a,b,c);   /*显示(输出)a, b, c 为整型数*/
     printf("%f,%f\n",v,s);    /*显示(输出)v, s 为实型数*/
}
```

程序运行结果如图 1-13 所示。

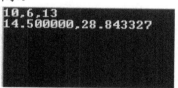

图 1-13   例 1-8 程序运行结果

即时通

编译预处理命令简介

编译预处理是 C 语言区别于其他高级语言的一个特点,预处理命令不是 C 的语句,不能进行编译。使用预处理的目的是改进程序设计环境,提高编程效率。预处理命令在 C 语言程序编译之前进行处理。C 语言提供了宏定义、文件包含和条件编译三类程序处理命令(见附录 7)。

文件包含处理命令格式:

#include<文件名>   或   #include "文件名"

功能:用指定的文件名内容代替预处理命令。

在例 1-9 程序中要用到 sqrt()数学函数,所以在程序之前要用#include<math.h>,执行时将 math.h 替换成 sqrt 后嵌入到程序中,即#include 相当于起连接作用。C 语言的头文件有<math.h>(数学函数头文件)、<string.h>(字符串函数头文件)、<ctype.h>(字符函数头文件)<stdio.h>(输入输出函数头文件)、<stdlih.h>或<malloc.h>(动态分配函数头文件)。

任务 10　int、void、return、getchar 的应用

在 C 语言程序设计中，经常要用到 int、void、return、getchar，下面举例说明它们的搭配情况。

【例 1-9】　从键盘上输入两个数，求两数之积。

程序如下：

```
#include"stdio.h"
#include"conio.h"
main()                      //类型省略为空，相当于 void
{
    int x;
    float y,sum;
    printf("x=?");
    scanf("%d",&x);
    printf("y=?");
    scanf("%f",&y);
    sum=x*y;
    printf("sum=%f\n",sum);
}
```

程序运行结果如图 1-14 所示。

```
34 67.7
sum=2301.799896
Press any key to continue
```

图 1-14　例 1-9 程序运行结果

【例 1-10】　从键盘上输入两个数，求两数之积。

程序如下：

```
#include"stdio.h"
#include"conio.h"
main() //或 void main()或 int main()
{
    int x;
    float y,sum;
    printf("x=?");
    scanf("%d",&x);
    printf("y=?");
```

```
        scanf("%f",&y);
        sum=x*y;
        printf("sum=%f\n",sum);
        getchar();
    }
```

程序运行结果如图 1-15 所示。

34 67.7
sum=2301.799896

图 1-15 例 1-10 程序运行结果

【例 1-11】 从键盘上输入两个数，求两数之积。

程序如下：

```
#include"stdio.h"
#include"conio.h"
main()   //或 int main()
{
    int x;
    float y,sum;
    printf("x=?");
    scanf("%d",&x);
    printf("y=?");
    scanf("%f",&y);
    sum=x*y;
    printf("sum=%f\n",sum);
    return; //或 return 0; 或 return (sum);
          //或 getchar();
}
```

程序运行结果如图 1-16 所示。

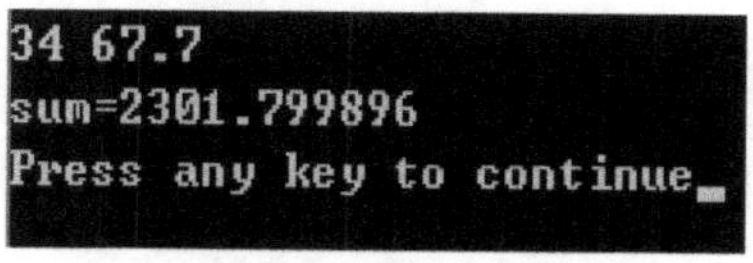

34 67.7
sum=2301.799896
Press any key to continue

图 1-16 例 1-11 程序运行结果

【例 1-12】 从键盘上输入两个数，求两数之积。

程序如下：

```
#include"stdio.h"
#include"conio.h"
```

```
void main()
{
    int x;
    float y,sum;
    printf("x=?");
    scanf("%d",&x);
    printf("y=?");
    scanf("%f",&y);
    sum=x*y;
    printf("sum=%f\n",sum);
    //此处为空或 return;或 getchar();
}
```

程序运行结果如图 1-17 所示。

图 1-17　例 1-12 程序运行结果

【例 1-13】　编写一个简单菜单显示程序。

```
#include<stdio.h>
void main()
{
    int i;
    printf("\n\n\n");
    printf("******************************************************************");
    printf("\n\n\n\n\n");
    printf("                           主　菜　单");
    printf("\n\n\n");
    printf("                    1：输出姓名、总分");
    printf("\n\n");
    printf("                    2：输出学号、姓名、各科成绩、总分、名次 ");
    printf("\n\n");
    printf("                    3：程序结束");
    printf("\n\n\n\n\n\n");
printf("******************************************************************");
getchar();   //使用 void 程序中有汉字显示时要用 getchar()
}
```

程序运行结果如图 1-18 所示。

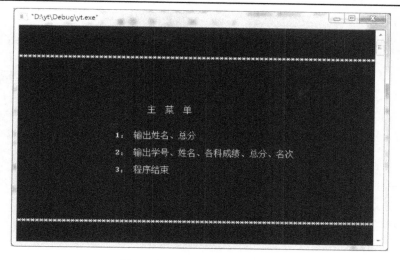

图 1-18 例 1-13 程序运行结果

任务 11 在 Visual C++ 6.0 环境下运行程序的基本方法

Visual C++ 6.0(简称 VC++ 6.0)有英文版和中文版两个版本，下面介绍中文版的使用要点。要安装中文版 Visual C++ 6.0，并在桌面上建立其快捷图标 ，可有以下两种方法。

一、第一种基本方法

(1) 双击计算机桌面上的 VC++6.0 快捷图标 ，启动 VC++ 6.0，初始界面如图 1-19 所示。

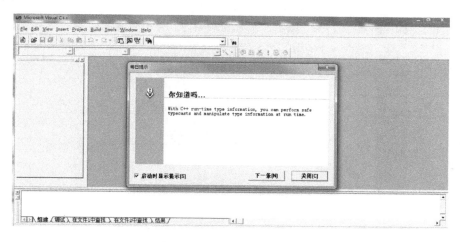

图 1-19 启动 VC++ 6.0 界面

(2) 在图 1-19 中单击 关闭[C] 按钮，弹出一个界面如图 1-20 所示。

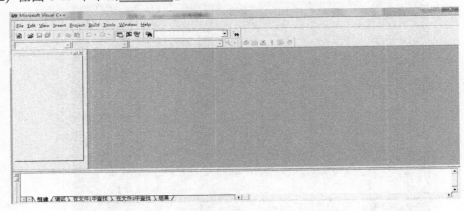

图 1-20　VC++ 6.0 界面

(3) 在图 1-20 中选择菜单"File(文件)"下的"新建(N)"选项，显示新建文件界面，如图 1-21 所示。

图 1-21　新建文件界面

(4) 在图 1-21 中选择"文件"标签，显示如图 1-22 所示的界面。

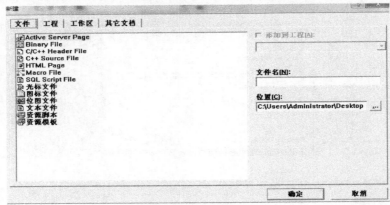

图 1-22　界面

(5) 在图 1-22 中的"文件名[N]:"处输入文件名 h123，在"位置[C]:"处选择文件保存位置 D 盘，显示如图 1-23 所示的界面。

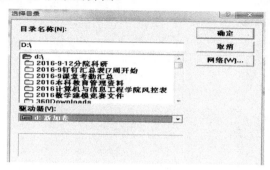

图 1-23　选定文件保存位置界面

(6) 在图 1-23 中选定程序存储位置(D 盘)，单击"确定"按钮，如图 1-24 所示。

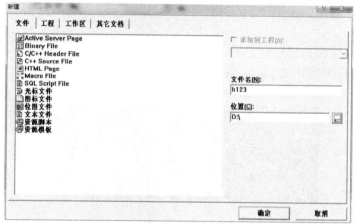

图 1-24　界面

(7) 在图 1-24 中选定 C++ Source File，单击 确定 按钮，显示如图 1-25 所示的界面(同时在 D 盘中创建文件 h123.cpp)，VC++6.0 进入程序编辑状态。

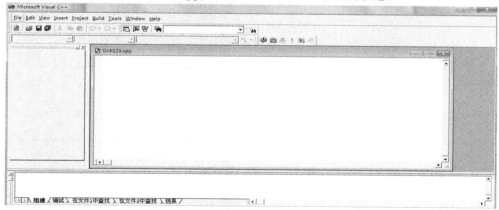

图 1-25　程序编辑界面

(8) 在 VC++ 6.0 界面中编辑运行例 1-8 程序，如图 1-26 所示。

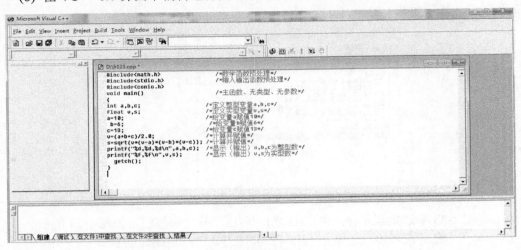

图 1-26　编辑程序界面

(9) 在图 1-26 中编辑程序完成后运行程序，操作步骤：选择 Build→编译[h123.cpp]→组建[h123.exe]→!执行[h123.exe]，如图 1-27 所示为程序运行结果。

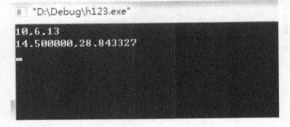

图 1-27　程序运行结果

h123.cpp 程序运行过程中生成文件情况如表 1-1 所示。

表 1-1　程序运行过程生成文件

路　　径	编辑程序	编译生成文件	组建生成文件	执　　行
D:\	h123.cpp	h123.dsp h123.ncb h123.plg		
D:\Debug\		h123.obj h123.pch vc60.idb vc60.pdb	h123.exe h123.ilk h123.pdb	

二、第二种基本方法

(1) 双击计算机桌面上 VC++ 6.0 快捷图标 ，启动 VC++6.0，显示初始界面(与第一种基本方法相同），直到出现如图 1-21 所示的界面，在菜单中选择"工程"，如图 1-28 所示。

图 1-28　工程标签界面

(2) 在图 1-28 中"工程名称[N]："处填入 y123，在"位置[C]:"处选择 D 盘，然后选择"Win32 Console Application"，如图 1-29 所示，最后单击"确定"按钮，如图 1-30 所示。

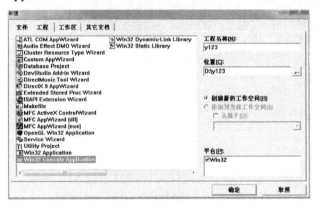

图 1-29　输入工程名称及存储位置

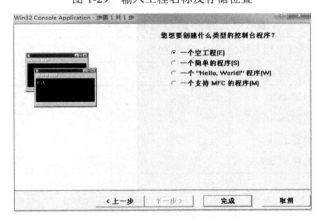

图 1-30　选择工程类型界面

(3) 在图 1-30 中单击"完成"按钮，显示如图 1-31 所示的界面。

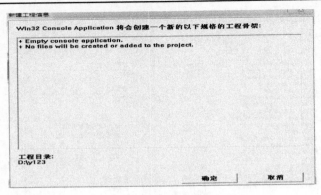

图 1-31　创建工程骨架界面

(4) 在图 1-31 中单击"确定"按钮，显示如图 1-32 所示的界面。

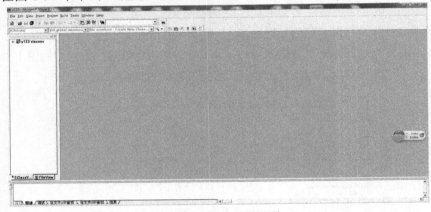

图 1-32　创建工程界面

观察图 1-32 可以发现，窗口左边有文件夹"y123 classes"。

(5) 编辑运行例 1-8 程序(文件名为 h123)步骤与第一种基本方法中相同。

h123.cpp 程序运行过程中生成文件情况，如表 1-2 所示。

表 1-2　程序运行过程生成文件

路　径	创建工程名称	编辑程序	编译生成文件	组建生成文件
D:\	文件夹 y123			
D:\y123\	y123.dsw y123.dsp y123.ncb 文件夹 debug	h123.cpp	h123.plg	
D:\y123\debug\			h123.obj vc60.idb vc60.pdb y123.pch	y123.exe y123.ilk y123.pdb

此外，VC++ 6.0 的功能还有很多，请大家在学习中不断研究掌握，这里不再赘述。

三、WTC-TC 与 VC++ 6.0 中部分命令的区别

WTC-TC 与 VC++ 6.0 中部分命令的区别(提醒读者注意因编译系统不同的差异)

1. WIN-TC 中的特殊命令

(1) 中文显示设置：

system("graftabl 936")；

(2) 字体显示颜色设置：

textcolor(14)；   // 改变命令中的数字就可以改变汉子颜色

(3) 背景显示颜色设置：

textbackground(27)；// 改变命令中的数字就可以改变背景颜色

(4) 清屏命令：

clrscr();

2. VC++6.0 中的特殊命令

(1) 清屏命令：

#include<Windows.h>   //清屏命令头文件

system("cls")；   //清屏命令

(2) 暂停命令：

#include<Windows.h>   //清屏命令头文件

system("pause");   //暂停命令

(3) 显示背景字体颜色设置：

0 = 黑色   8 = 灰色

1 = 蓝色   9 = 淡蓝色

2 = 绿色   A = 淡绿色

3 = 浅绿色   B = 淡浅绿色

4 = 红色   C = 淡红色

5 = 紫色   D = 淡紫色

6 = 黄色   E = 淡黄色

7 = 白色   F = 亮白色

总共 16 种颜色选择，对应前面的编号

例如：

```
#include <stdlib.h>        //包含头文件
#include<stdio.h>
int main(void)
{
    system("color 74");   //调用命令
     printf("贵州商学院\n");
```

```
        return 0;
    }
```

74 中第一个十六进制数 7 表示背景颜色，第二个十六进制数 4 表示字体颜色。

小　　结

本项目以编程为目标，围绕 C 语言程序结构这个中心，介绍 C 语言的发展和特点以及运行 C 语言程序的过程。

C 语言程序由函数组成，函数是 C 语言程序的基本单位，函数分为一般形式和特殊形式。C 语言程序从结构上分为基本结构(特殊的 main)和完整结构(主、子程序)，从程序上分为主程序(基本结构)和子程序(一般结构)。

C 语言源程序处理需经过编辑(.cpp 或.c)、编译(.obj)、连接(.exe)和运行 4 个环节。

实　训　题

1. 查阅丹尼斯·里奇(Dennis M.Ritchie)和布莱恩·W·科宁汉(Brian W.Kernighan)其人其事。

2. 分析 C 语言函数的一般结构和程序的基本结构、完整结构以及它们的关系。

3. 已知三角形的三边分别为 4.7、6、8.1，求三角形的面积。

4. 已知一个圆柱体的半径是 5.9，高为 24，求圆柱体的体积。

5. 编程输出以下信息，要求分别显示在屏幕的上、下、左、右和中间。

```
************************************************
            This is a C PROGRAM
************************************************
```

6. 编程运行实训题 3 程序，观察 .cpp、.obj、.exe 文件的形成过程及其保留位置(路径)。

项目二 C 语言表达式

【知识目标】
◆ 掌握 C 语言的数据类型。
◆ 掌握 C 语言常量、变量的概念与应用。
◆ 掌握 C 语言运算符的功能和应用。
◆ 掌握 C 语言表达式的概念。

【能力目标】
◆ 正确定义数据类型。
◆ 正确书写和使用 C 语言表达式。

【引例】

将数学表达式 $\dfrac{-b+\sqrt{b^2-4ac}}{2a}+|x|$ 改写成 C 语言表达式。

任务 1 C 语言数据类型

数据与操作是构成程序的两个要素。C 语言具有丰富的运算符和数据类型，并且允许用户自定义数据类型，使程序能够处理各种复杂数据，完成各种复杂功能。C 语言的数据类型如图 2-1 所示。

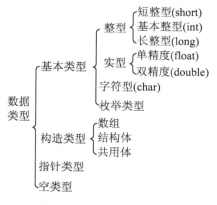

图 2-1 C 语言的数据类型

字符型、整型数据有以下类型修饰符(可以与 char 或 int 配合使用)：① signed(有符号整型）；② unsigned(无符号整型)；③ long (长整型)；④ short(短整型)。

基本数据类型的数据表示和取值范围如表 2-1 所示。

表 2-1　基本数据类型

说　明	类　型	占字节数	取 值 范 围
字符型	(signed) char	1(8 位)	$-128\sim+127$，即 $-2^7\sim+2^7-1$，常用 $0\sim+2^7-1$
无符号字符型	unsigned char	1(8 位)	$0\sim255$，即 $0\sim2^8-1$
基本整型	(signed) int	4(32 位)	$-2\,147\,483\,648\sim+2\,147\,483\,647$，即 $-2^{31}\sim+2^{31}-1$
无符号基本整型	unsigned int	4(32 位)	$0\sim4294967295$，即 $0\sim2^{32}-1$
短整型	(signed) short	2(16 位)	$-32\,768\sim+32\,767$，即 $-2^{15}\sim+2^{15}-1$
无符号短整型	unsigned short	2(16 位)	$0\sim65\,535$，即 $0\sim2^{16}-1$
长整型	(signed) long	4(32 位)	$-2\,147\,483\,648\sim+2\,147\,483\,647$，即 $-2^{31}\sim+2^{31}-1$
无符号长整型	unsigned long	4(32 位)	$0\sim4\,294\,967\,295$，即 $0\sim2^{32}-1$
单精度实型	float	4(32 位)	$10^{-38}\sim10^{38}$
双精度实型	double	8(64 位)	$10^{-308}\sim10^{308}$

即时通

(1) (signed) char 与 char 相同，(signed) int 与 int 相同，(signed) long 与 long 相同，定义时 signed 可省去。

(2) (signed) int 与(signed) short 取值范围不同，unsigned int 与 unsigned short 取值范围不同，可以通用。

(3) 不同的 C 版本系统取值范围略有不同。

【例 2-1】　带符号短整型数据的存储范围。

说明：带符号短整型数据的数值范围为 $-32\,768\sim+32\,767$，那么 $-32\,768-1$ 或 $+32\,767$ $+1$ 均超出其数据范围。

程序代码：

```
#include <stdio.h>
#include <conio.h>
int main( )
{
    short int max,min;
    max=32767;
    min=-32768;
    printf("max=%d\n",max);
    printf("min=%d\n",min);
    max=max+1;
```

```
        min=min-1;
        printf("max+1=%d\n",max);
        printf("min-1=%d\n",min);
        return 0;
    }
```

程序运行结果如图 2-2 所示。

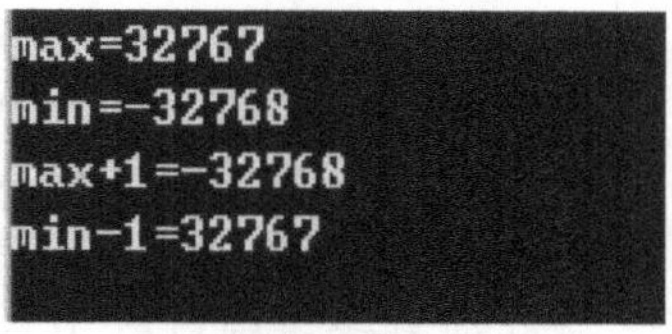

```
max=32767
min=-32768
max+1=-32768
min-1=32767
```

图 2-2　例 2-1 程序运行结果

即时通

(1)　max 初始赋值 32 767 为有符号短整型数据最大值，再增加，将溢出。

(2)　min 初始赋值 −32 768 为有符号短整型数据最小值，再减少，将溢出。

(3)　溢出指的是当赋值超出该变量的数据类型可存储的数值范围。

(4)　程序设计中要避免溢出，否则无法得到正确的值。

【例 2-2】　无符号短整型数据的存储范围。

说明：无符号短整型数据的数值范围为 0～65 535，如 0−1 或 65 535＋1 超出数据范围，其值发生变化。

程序代码：

```
#include <stdio.h>
#include <conio.h>
main( )
{       unsigned short int max,min;
        max=65535;
        min=0;
        printf("max=%u\n",max);
        printf("min=%u\n",min);
        max=max+1;
        min=min-1;
        printf("max+1=%u\n",max);
        printf("min-1=%u\n",min);
    return 0;
}
```

```
max=65535
min=0
max+1=0
min-1=65535
```

图 2-3　例 2-2 程序运行结果

程序运行结果如图 2-3 所示。

即时通

(1)　max 初始赋值 65 535 为无符号短整型数据最大值，再增加，将溢出。

(2)　min 初始赋值 0 为无符号短整型数据最小值，再减少，将溢出。

任务 2　常　　量

常量在程序的使用过程中经常使用。除了数据常量外，我们还将学习符号常量的使用方法。数据常量在使用过程中要掌握其类型及对应的输入、输出格式。

一、常量

常量指的是在程序运行过程中其值不会发生改变的量，如例 2-3 所示。

【例 2-3】 输出图 2-4 所示的常量。

分析：常量即常值，其值不会发生改变。本例输出的是整型常量、字符型常量、实型常量。

程序代码：

```
#include <stdio.h>
#include <conio.h>
int main( )
{   printf("%d, %d\n", 10, -3);
    printf("%c, %c, %c\n", 'a', '0', 'x');
    printf("%f, %f\n", -123.45, 32.09);
    return 0;
}
```

程序运行结果如图 2-4 所示。

图 2-4　例 2-3 程序运行结果

即时通

(1) 注意，数值型常量与数字字符常量是不同的，如 9 与 '9' 是不一样的。

(2) 字符常量中的字母字符要区分大小写，如 'a' 与 'A' 是不同的值。

二、符号常量

可以定义一个标识符代表一个常量。此时必须使用预处理命令 #define。

【例 2-4】 已知圆球的半径为 3.2，求圆球的表面积和圆球的体积。

分析：求圆球的表面积与圆球体积时，要使用圆周率，其数学表达为 π，但在 C 语言程序中无法识别 π。我们可以用一个符号常量 PI 来代替 π，其值可以定义为 3.14。

程序代码：

```
#include <stdio.h>
#include <conio.h>
#define   PI   3.14            /* PI 与数学中的 π 相似*/
int main( )
```

```
    {    float s,v;
         s=PI*3.2*3.2;         // s = 4PIr² 是圆球的表面积公式
         v=4.0/3.0*PI*3.2*3.2*3.2;
         printf("s=%.2f,v=%.2f\n",s,v);
         return 0;
    }
```

程序运行结果如图 2-5 所示。

图 2-5　例 2-4 程序运行结果

即时通

(1) 预处理命令#define 必须在主函数 main()前定义。

(2) 符号常量名用大写字符表示，变量名用小写字符表示，以示区别。

(3) 正确理解符号常量和字面常量或直接常量(从字面上可以判断，如：4.6、'd'、65)。

【例 2-5】　在例 2-4 题中不使用符号常量定义 π，直接引用 π 的值 3.14。

分析：在例 2-4 中可不使用符号常量 PI，而直接使用 3.14。区别在于例 2-4 的程序更具有通用性。

程序代码：

```
    #include <stdio.h>
    #include <conio.h>
    int main( )
    {    float s,v;
         s=3.14*3.2*3.2;       // s = 4πr² 是圆球的表面积公式
         v=4.0/3.0*3.14*3.2*3.2*3.2;
         printf("s=%.2f,v=%.2f\n",s,v);
         return 0;
    }
```

s=32.15,v=137.19

程序运行结果如图 2-6 所示。

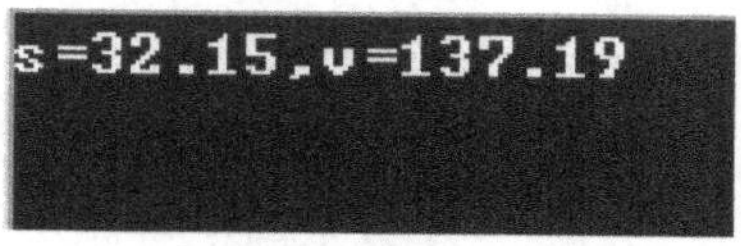

图 2-6　例 2-5 程序运行结果

即时通

(1) 如果要修改 π 的值为 3.141 592，在例 2-2 中只需要修改一处即可：#define PI 3.141 592；而在例 2-3 中所有 3.14 的值都要修改为 3.141 592。

(2) 使用符号常量的好处是，可以提高程序的通用性与可读性。

三、整型常量

整型常量即整数常数。C 语言中整数常数有四种表示形式：十进制整数、二进制整数、八进制整数、十六进制整数，但在显示中只有三种表示形式(二进制整数除外)。下面举例说明。

【例 2-6】 整型常量示例。

分析：本例中%d 表示用十进制整数格式输出数据，%o 表示用八进制整数格式输出数据，%x 表示用十六进制整数格式输出数据。0200 表示八进制数，0x80 表示十六进制数。

程序代码：

```
#include <stdio.h>
#include <conio.h>
int main( )
{   printf("%d,%d,%d\n",34,120,-563);
    printf("%d,%o,%x\n",128,128,128);
    printf("%d,%d,%d\n",128,0200,0x80);
    return 0;
}
```

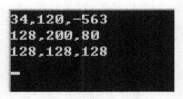

图 2-7　例 2-6 程序运行结果

程序运行结果如图 2-7 所示。

 即时通

0200 表示八进制数 200，0x80 表示十六进制数 80。

四、实型常量

实数又称为浮点数，实数有两种表示方式：

(1) 十进制小数形式。由数字和小数点组成(必须有小数点)，如：123.456，-3.2。

(2) 指数形式。由数字与字母 e 或 E 组成，小数点左边有且只有一位非零整数，e 或 E 后面的指数必须是整数(称为"规范化的指数形式")。

下面举例说明：

【例 2-7】 实型常量示例。

分析：%f 表示用十进制小数格式输出实型数据，%e 表示用指数格式输出实型数据。

程序代码：

```
#include <stdio.h>
 #include <conio.h>
int main( )
{   printf("%f,%f\n",123.456,-3.2);
    printf("%e,%E\n", 123.456,-3.2);
    return 0;
}
```

123.456000,-3.200000
1.23456e+02,-3.20000E+00

图 2-8　例 2-7 程序运行结果

程序运行结果如图 2-8 所示。

五、字符型常量

字符型常量指的是处理对象是非数值的表现形式，它有特定的处理方法。

1. 单个字符常量

单个字符常量是用单引号' '括起来的一个字符，如：'a'、'A'、'7'、'?' 等。

【例2-8】 字符常量示例。

分析：用%c 格式输出单个字符数据。

```
#include<stdio.h>
int    main( )
{
     printf("%c,%c,%c,%c\n",'a', 'A', '9', '?');
     printf("%c,%c\n",97,65);
     return 0;
}
```

程序运行结果如图2-9所示。

图2-9　例2-8程序运行结果

即时通

(1) %c 表示以单个字符形式输出，当用%c 格式时可以用该字符的 ASCII 码值替代字符，如上例中97是 a 的 ASCII 码值，65是 A 的 ASCII 码值。

(2) 'a' 与 'A' 是不同的字符。

(3) '9' 表示的是数字字符。

2. 字符串常量

字符串常量是使用 " " 括起来的多个字符组成的常量，其字符可以是字母、数字、空格字符、符号字符等。

【例2-9】 字符串常量示例。

分析：用 %s 格式输出字符串数据。

程序代码：

```
#include <stdio.h>
#include <conio.h>
int main()
{    printf("%s,%s\n", "CHINA", "computer");
     printf("%s\n", "This is a c program! ");
     return 0;
}
```

程序运行结果如图2-10所示。

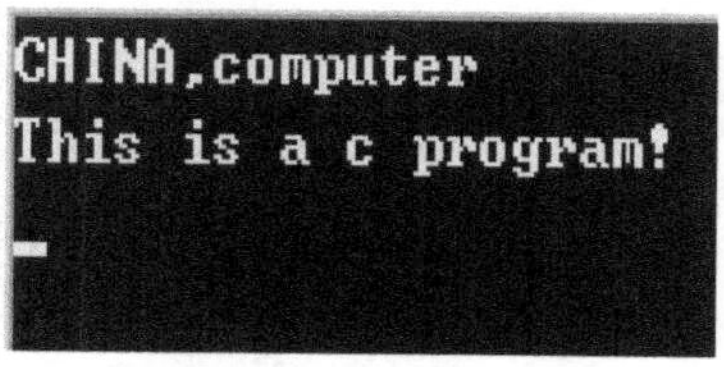

图2-10　例2-9程序运行结果

3. 转义字符

转义字符是一种特殊形式的字符常量，是以"\"开头的字符序列，其作用是将"\"后面的字符转换成另外的含义。如以上所举例题中的"\n"不代表字母 n，而是换行符。常用的转义字符见表2-2所示。

表 2-2　转义字符及其含义

字符形式	功　　能	例　　子
\n	换行，将当前光标位置移到下一行开头	printf("%d\n",45)
\t	水平制表，将位置移到下一个 tab 键位置	printf("you\tare\t!\n")
\b	退格，将当前光标位置移到前一列	printf("this bis\bt\n")
\r	回车，将光标位置移到本行开头	printf("%d\r%d\n",5,4)
\f	换页，将光标位置移到下页开头	printf("%d\f\n",76)
\\	反斜杠字符\	printf("\\\n")
\'	单引号字符	printf("\'\n")
\"	双引号字符	printf("\"\n")
\ddd	1～3 位八进制数 ASCII 码值所代表的字符	printf("\105\n")
\xhh	1～2 位十六进制数 ASCII 码值所代表的字符	printf("\x57\n")

即时通

读者可以编写程序——验证转义字符的功能。

【例 2-10】 转义字符示例。

程序代码：

```
#include <stdio.h>
#include <conio.h>
int main( )
{
    printf("□ab□c\t□de\rf\tg\n");   /* □代表空格字符*/
    printf("\\101\\\\"\x41\"");
    return 0;
}
```

图 2-11　例 2-10 程序运行结果

程序运行结果如图 2-11 所示。

即时通

(1) \t 的作用是跳格，从本行起始空 8 列，从第 9 列开始。

(2) \ddd 代表的是 ASCII 码值,ddd 用八进制数表示，输出时要转换成相对应的字符。

(3) \xhh 代表的是 ASCII 码值, hh 用十六进制数表示，输出时要转换成相对应的字符。

(4) \r 使当前位置回到本行开头，自此输出的字符，包括空格和跳格所经过的位置将取代原来屏幕上该位置所显示的字符。因此，原有字符□ab□c□□□□被 f□□□□□□□g 所替换。

(5) \101 表示"A"的八进制 ASCII 码值, \x41 表示"A"的十六进制 ASCII 码值。

(6) 验证 printf("□ab□c\t□de\rf\tg\tkjj\tyy\n")的结果，观察\t 的作用(注意：相对位置和绝对位置)。

任务 3 变 量

变量指的是在程序运行过程中其值可以改变的量。所有变量必须先定义，后使用。定义变量需确定变量的数据类型与变量名。变量名是符号地址。

一、变量名

变量名由标识符组成，但不能使用关键字。C 语言规定标识符只能由字母、数字、下划线组成，且第一个字符必须为字母或下划线。

下面是合法的变量名：

sum,_1a,a,x,v

下面是不合法的变量名(不能作为变量名的字符有 \ / : □ * ? " < > |，□表示空格)：

#a, \m.1, ?1_a

在变量名中大、小写字母是不同的，如变量 a 与变量 A 是不同的。

二、变量的数据类型

变量的数据类型由基本类型确定。指针变量的定义见项目九。例如，表 2-1 所列的基本数据类型定义变量为基本数据类型。

三、变量的定义方法

变量的定义形式：

基本数据类型 变量名表

变量名表中可以有一个变量或多个变量(必须用逗号分隔)组成。例如：

int sum;   /*定义单个变量 sum 为整型数据*/
int x,y,z;   /*定义变量 x，y，z 为整型数据*/
float a,b,c;   /*定义变量 a，b，c 为单精度实数*/
char c1,c2,c3;   /*定义变量 c1，c2，c3 为字符型数据*/

四、变量赋初值

变量必须先赋值，后引用。

方法一：定义变量时赋初值。

分析：在定义变量的同时给变量赋初值。

【例 2-11】 定义变量的同时赋初值。

程序代码：

```
#include <stdio.h>
```

```
#include <conio.h>
int main( )
{
    int x=2,y=3,z=4;
    printf("%d,%d,%d\n",x,y,z);
    return 0;
}
```

即时通

在定义变量的同时赋初值，如有多个变量时，中间用逗号分隔，赋值完毕，最后加分号。

方法二：先定义变量，再赋初值。

分析： 定义变量时仅仅定义其数据类型和变量名，在其后的程序中给变量赋初值。

【例 2-12】 先定义变量，再赋初值。

程序代码：

```
#include <stdio.h>
#include <conio.h>
int main( )
{
    int x, y, z;
    x=2;
    y=3;
    z=4;
    printf("%d, %d, %d\n", x, y, z);
    return 0;
}
```

方法三：利用 scanf()函数给变量赋值。

分析： 使用输入函数 scanf()给一个或多个变量赋初值。

【例 2-13】 scanf()函数给变量赋值。

程序代码：

```
#include <stdio.h>
#include <conio.h>
int main( )
{   int x,y,z;
    scanf("%d%d%d", &x, &y, &z);
    printf("x=%d, y=%d, z=%d\n", x, y, z);
    return 0;
}
```

即时通

因变量名是符号地址，使用 scanf()函数时，地址列表必须有取地址运算符&，如 scanf("%d%d%d", x, y, z);是错误的，正确的是 scanf("%d%d%d", &x, &y, &z)。

五、变量值的引用

对变量的定义就是指定变量的数据类型，按数据类型给变量分配存储单元。变量赋初值就是把变量的初始值存入存储单元中，以便进行引用。所以引用变量的值是通过变量名引用的，变量名就是存储变量值的符号地址。

【例 2-14】 变量值的引用。

分析：求变量 sum 的值不是用 sum=2+3+4，而是用 sum=x+y+z 的方式，即通过 x、y、z 引用 2、3、4 的值。

程序代码：

```
#include <stdio.h>
#include <conio.h>
int main( )
{    int x,y,z,sum;          /*定义单个变量 x, y, z, sum 为整型数据*/
     x=2;                    /*对变量 x 赋初值*/
     y=3;                    /*对变量 y 赋初值*/
     z=4;
     sum=x+y+z;             /*此时通过变量名 x, y, z 引用它们的值*/
     printf("sum=%d\n",sum);
     return 0;
}
```

程序运行结果如图 2-12 所示。

```
sum=9
```

图 2-12　例 2-14 程序运行结果

任务4　运　算　符

运算是对数据的基本操作和加工。最基本的运算形式常常可以用一些简单的符号记述，这些符号称为运算符。被运算的对象称为操作数。C 语言提供了丰富的运算符(共有 45 个运算符)，以便完成各种运算功能。

不同的运算符有不同的操作数，优先级别不同，结合方向(运算方向)不同，具体见附录 3。优先级别指的是运算符的执行次序的先后，结合方向指的是从左向右进行运算还是从右向左进行运算。下面分别对各类运算符进行介绍。

一、算术运算符

算术运算符是最常用的运算符号，有 +(加)、-(减)、*(乘)、/(除)、%(取余)。它们都是左结合方向，双操作数。例如：

　　　　x+y*3-z/2

按照结合方向、优先级别从左至右先算乘除，再算加减，即运算次序为：

第一步，y*3→①；

第二步，z/2→②；

第三步，x+①→③；

第四步，③－②。

%(取余)运算符要求操作数必须是整数，如：

5%3 其结果是 5 整除 3 的余数为 2。

3%5 其结果是 0。

6%2.0 是错误的表达式，因为 2.0 是实型值，不能作为取余运算符的操作数。

【例 2-15】　通过下列程序验证算术运算符 / 和 % 的作用。

程序代码：

```
#include<stdio.h>
int main()
{    int a;
     a=10/3;
     printf("a=%d\n",a);
     a=-10/3;
     printf("a=%d\n",a);
     a=-10/-3;
     printf("a=%d\n",a);
     a=10%3;
     printf("a=%d\n",a);
     a=10%-3;
     printf("a=%d\n",a);
     a=-10%3;
     printf("a=%d\n",a);
     a=-10%-3;
     printf("a=%d\n",a);
     return 0;
}
```

程序运行结果如图 2-13 所示。　　　　　　　　　图 2-13　例 2-15 程序运行结果

二、自增、自减运算符

++、-- 为单目运算符，且结合方向为右结合，其操作数必须为变量。变量在自增、自减运算符之前和之后其运算结果是不同的。

变量在自增(自减)运算符之前，先引用变量的值，再改变变量的值。

变量在自增(自减)运算符之后，先改变变量的值，再引用变量的值。

【例 2-16】 自增、自减运算符的运算。

程序代码：

```
#include <stdio.h>
#include <conio.h>
int main( )
{    int x,y;
     x=1;
     y=1;
     printf("x=%d\n",x++);
     printf("x=%d\n",x);
     printf("y=%d\n", ++y);
     return 0;
}
```

图 2-14　例 2-16 程序运行结果

程序运行结果如图 2-14 所示。

即时通

(1) x++ 是先引用变量 x 的值，x 再自增 1 为 2；++y 是 y 自增 1 为 2，再引用再增后的值；所以先输出 1，再输出为 2。

(2) 自减(−−)的使用方法与自增(++)相同。

(3) 已知 x=4,y=5，求 s=y+(x++)的值(注意理解 y+(x++)的两个计算过程，即 y+x 和 x++)。

三、关系运算符与逻辑运算符

C 语言提供了六种关系运算符：

    <   小于运算

    <= 小于等于运算

    >   大于运算

    >= 大于等于运算

    == 恒等于运算

    != 不等于运算

前四种运算符(<、<=、>、>=)优先级别相同，且优先级别高于后两种运算符(==、!=)。

关系表达式的值是一个逻辑值，即"真"或"假"。如：5==3 的值为"假"；5>=3 的值为"真"。

由于 C 语言没有提供逻辑值，所以用非 0 整数表示"真"值(通常用 1)，用 0 值表示"假"值。例如：

    a=3,b=2,c=5

a + b > c 的值为 0。

【例 2-17】 关系运算符的运用。

分析：关系运算符运算得到的结果是逻辑值"真"或"假"，但一般用"1"值表示"真"值，用"0"值表示"假"值。

程序代码：

```
#include <stdio.h>
#include <conio.h>
int main( )
{
    int a=2,b=3,x=10;
    printf("%d\n",a<b);
    printf("%d",a<(b==x));
    return 0;
}
```

图 2-15　例 2-17 程序运行结果

程序运行结果如图 2-15 所示。

即时通

(1) a < b 等价于 2 < 3 表达式成立，其值为 1。

(2) a < (b==x) 等价于 2 < (3==10)，先运算 3==10 不成立，其值为 0，再运算 2 < 0 不成立，其值为 0。

四、逻辑运算符

C 语言提供三种逻辑运算符：

|　　! 　　逻辑非运算
|　　&& 　　逻辑与运算
|　　|| 　　逻辑或运算

优先级顺序：!、&&、||。

逻辑运算值表如表 2-3 所示。

表 2-3　逻辑运算值表

a	b	!a	!b	a&&b	a||b
0	0	1	1	0	0
0	1	1	0	0	1
1	0	0	1	0	1
1	1	0	0	1	1

【例2-18】 逻辑运算符的运用。

程序代码:

```
#include <stdio.h>
#include <conio.h>
int main( )
{   int a=-2,b=0,c=0;
    printf("%d\n",a&&b);
    printf("%d\n",a||b&&c);
    printf("%d\n",!a&&b);
    printf("%d\n",a||3+10&&2);
    printf("%d",b&&3+10&&2);
    return 0;
}
```

图 2-16   例 2-18 程序运行结果

程序运行结果如图 2-16 所示。

即时通

(1) 在求解 && 或 || 连接的逻辑表达式时,并不是所有的逻辑运算都被执行,只是在必须执行下一个逻辑运算符才能求出表达式的解时,才执行该运算符。例如:

① a&&b&&c。a、b、c 可以是单个变量或表达式。当 a 值非 0 才运算 b,b 值非 0 才运算 c。如果 a 值为 0,则不运算其后的表达式,整个表达式的值为 0。

② a||b||c。a、b、c 可以是单个变量或表达式。当 a 值为 0 才运算 b,b 值为 0 才运算 c。如果 a 值为 1,则不运算其后的表达式,整个表达式的值为 1。

(2) 在上例中的表达式 a||b&&c,a 值为非 0,不算其后的表达式,整个表达式的值为 1。表达式 b&&3+10&&2 值为 0,原理同上。

(3) 特别注意,在表达式中有一个重要概念是非 0 为真。

五、赋值运算符

C 语言中 "=" 是赋值运算符,结合方向是右结合,作用是将一个数据赋给一个变量。例如:

```
int a=5;              /*将 5 赋值给整型变量 a */
char c1='a';          /*将小写字母 a 赋值给字符变量 c1 */
float x=3.0;          /*将 3.0 赋值给实型变量 x */
```

1. 复合的赋值运算符

C 语言中有 10 种复合赋值运算符:+=, -=, *=, /=, %=, <<=, >>=, &=, ∧=, |=。例如:

```
a+=3      等价于     a=a+3
a-=b      等价于     a=a-b
```

a*=x+3　　等价于　　a=a*(x+3)

a%=3　　等价于　　a=a%3

2．赋值表达式

<变量><赋值运算符><表达式>

求解方法是：将赋值运算符右侧的"表达式"的值赋给左侧的变量。

下面是赋值表达式的例子：

a=b=c=5　　（先运算 c=5，再算 b=c，最后运算 a=b）

a=5+(c=6)　　（先运算 c=6，c 值为 6，再运算 a=5+6，a 值为 11）

赋值表达式可以包含复合的赋值运算符，例如：

a+=a-=a*a　　（设 a 的初值为 2）

求解步骤如下：

① 先运算 a-=a*a 等价于 a=a-a*a，其结果为 a=2 − 2 × 2，a 的值为 −2；

② 再运算 a+=a 等价于 a=a+a，其结果为 a=−2+(−2)，a 的值为 −4。

六、逗号运算符

逗号表达式的一般形式为：

表达式 1，表达式 2

求解过程是：先求解表达式 1，再求解表达式 2。整个逗号表达式的值取表达式 2 的值。

【例 2-19】 逗号表达式的应用示例。

程序代码：

```
#include <stdio.h>
#include <conio.h>
int main( )
{   int a,b;
    b=(a=3*5,a*4);
    printf("a=%d,b=%d",a,b);
    return 0;
}
```

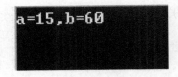

程序运行结果如图 2-17 所示。

图 2-17　例 2-19 程序运行结果

即时通

逗号表达式的一般形式可扩展为：表达式 1，表达式 2，表达式 3，…，表达式 n，求解过程如上，整个逗号表达式取表达式 n 的值。

七、条件运算符

条件表达式的一般形式为：

表达式 1? 表达式 2: 表达式 3

求解过程是：先计算表达式 1 的值，其值非 0，条件表达式的值取表达式 2 的值；否则条件表达式的值取表达式 3 的值。

【例 2-20】 从键盘输入一个字符，判别它是否是大写字母，如果是，将它转换成小写字母输出，如果不是原样输出。

程序代码：

```c
#include <stdio.h>
#include <conio.h>
int main( )
{   char c1;
    scanf("%c",&c1);
    c1=(c1>='A'&&c1<='Z')?(c1+32):c1;
    printf("%c\n",c1);
    return 0;
}
```

程序运行结果如图 2-18 所示。

图 2-18　例 2-20 程序运行结果

即时通

(1) 英文字母的表示除用字母本身表示以外，还可以用字母所对应的 ASCII 码值来进行替代。

(2) 大写字母与小写字母的 ASCII 码值相差 32，因此大写字母转换成对应小写字母，其 ASCII 值加 32；小写字母转换成对应大写字母，其 ASCII 码值减 32。

八、强制类型转换符

强制类型转换表达式的一般形式为：

(类型名)(表达式)

例如：

(float)x+y 的运算过程是：先将 x 的值转换为单精度实数，再与 y 值相加。

(int)(x+y)的运算过程是：先将 x 的值与 y 值相加，将相加的结果转换成整型值。

【例 2-21】 强制类型转换符应用示例。

程序代码:

```
#include <stdio.h>
#include <conio.h>
int main( )
{   float a=2.5;
    int b;
    b=(int)a;
    printf("a=%f,b=%d",a,b);
    return 0;
}
```

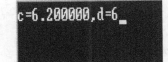

图 2-19　例 2-21 程序运行结果

程序运行结果如图 2-19 所示。

【例 2-22】 强制类型转换符应用示例。

程序代码:

```
#include <stdio.h>
#include <conio.h>
int main( )
{
    float a=2.5,b=4.2,c;
    int d;
    c=(int)a+b;
    d=(int)(a+b);
    printf("c=%f,d=%d",c,d);
    return 0;
}
```

图 2-20　例 2-22 程序运行结果

程序运行结果如果 2-20 所示。

九、位运算符

所谓位运算符是指进行二进制位的运算。C 语言提供位运算的功能，显然比其他高级语言更具有优势。位运算符如表 2-4 所示。

表 2-4　位 运 算 符

运算符	作　用	运算符	作　用
&	按位与	～	逐位取反
|	按位或	<<	左移
∧	按位异或	>>	右移

1. 与运算符(&)

与运算逻辑表值如表 2-5 所示。

表 2-5   与运算逻辑表值

a	b	&
0	0	0
0	1	0
1	0	0
1	1	1

2. 或运算符(|)

或运算逻辑表值如表 2-6 所示。

表 2-6   或运算逻辑表值

a	b	|
0	0	0
0	1	1
1	0	1
1	1	1

3. 异或运算符(∧)

异或运算逻辑表值如表 2-7 所示。

表 2-7   异或运算逻辑表值

a	b	∧
0	0	0
0	1	1
1	0	1
1	1	0

4. 逐位取反运算符(~)

逐位取反运算逻辑表值如表 2-8 所示。

表 2-8   逐位取反运算逻辑表值

a	~
0	1
1	0

5. 左移运算符(<<)

位左移是将数据转换成二进制数，然后最高位移出，最低位用 0 补。如表 2-9 所示，给出 a 的值(8 位二进制数)左移 1 次和 2 次后得到的结果。

表 2-9　左 移 运 算 符

a 的值	a 的二进制数		a<<1		a<<2
62	00111110	0	01111100	00	11111000
120	01111000	0	11110000	01	11100000

6. 右移运算符(>>)

位右移是将数据转换成二进制数，然后最低位移出，最高位用 0 补。如表 2-10 所示，给出 a 的值(8 位二进制数)右移 1 次和 2 次后得到的结果。

表 2-10　右 移 运 算 符

a 的值	a 的二进制数		a>>1		a>>2
55	00110111	1	00011011	11	00001101
127	01111111	1	00111111	11	00011111

任务5　C 语言表达式

在 C 语言中，用运算符将运算对象(操作数)连接起来，符合 C 语法规则的式子，称为 C 语言表达式。从表达式中含有的运算符的个数，可以把表达式分为简单和复杂两种。简单表达式是只含有一个运算符的表达式；复杂表达式是含有至少两个以上的运算符的表达式。例如：

简单表达式：

　　c=3

　　4+x

复杂表达式：

　　c=a+b

　　4+25%3

但要考虑一种情况，如果运算符两边的数据类型不一致时，要将其转换成相同数据类型进行运算，即各类数值型数据之间的混合运算。

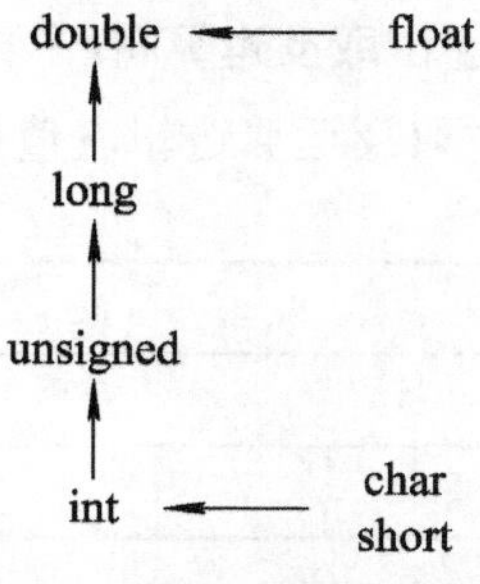

在表达式进行运算时，如出现不同类型的数据，要先转换成同一类型数据，再进行运算，转换的规则如图 2-21 所示。

设以下变量定义：

　　int a;　long d;　flaot b;　double c;

如有以下表达式：

　　a+'A'-d*a+b/c

其求解过程：

① d*a。d(long)转换成 double 型数据，a(int)转换成 double 型数据，结果为 double

图 2-21　数据类型转换图

型数据。

② b/c。b(float) 转换成 double 型数据，结果为 double 型数据。

③ a + 'A'。'A' (char) 转换成 int 型数据，结果为 int 型数据。

④ ③ − ①。③(int) 转换成 double 型数据，结果为 double 型数据。

⑤ ④ + ②。结果为 double 型数据。

小　　结

本项目以 C 语言表达式为中心，介绍 C 语言的数据类型、运算符号和运算量(常量、变量、函数)，掌握 C 语言表达式的书写及其运算次序。

实　训　题

1. 写出下面程序的输出结果。

```
#include<stdio.h>
int main( )
{   char c1='a',c2='b',c3='c',c4='\101',c5='\116';
    printf("a%cb%c\tc%c\tabc\n",c1,c2,c3);
    printf("\t\b%c%c",c4,c5);
    return 0;
}
```

2. 写出下面程序的输出结果。

```
#include<stdio.h>
int main( )
{   int x;
    x=-3+4*5-6; printf("x=%d\n",x);
    x=3+4%5-6; printf("x=%d\n",x);
    x=-3*4%-6/5; printf("x=%d\n",x);
    x=(7+6)%5/2; printf("x=%d\n",x);
    return 0;
}
```

3. 写出下面程序的输出结果。

```
#include<stdio.h>
int main( )
{   int x=2,y,z;
    x*=3+2; printf("x=%d\n",x);
    x*=y=z=4; printf("x=%d\n",x);
```

```
        return 0;
    }
```

4. 写出下面程序的输出结果。

```c
#include<stdio.h>
int main( )
{
    int x,y,z;
    x=y=z=3;
    y=x++-1;printf("x=%d,y=%d\n",x,y);
    y=++x-1;printf("x=%d,y=%d\n",x,y);
    y=z--+1; printf("z=%d,y=%d\n",z,y);
    y=--z+1; printf("z=%d,y=%d\n",z,y);
    return 0;
}
```

5. 写出下列表达式的值

(1) 1<4&&7<4。

(2) 1<4&&4<7。

(3) !(2<5==3)。

(4) !(1<3)||(2<5)。

(5) !(4<=6)&&(7>=3)。

6. 写出下面程序的输出结果。

```c
#include<stdio.h>
int main( )
{   int x,y,z,t;
    x=y=z=0;
    t=++x||++y&&++z;printf("t=%d,x=%d,y=%d,z=%d\n",t,x,y,z);
    x=y=z=0;
    t=++x&&++y||++z;printf("t=%d,x=%d,y=%d,z=%d\n",t,x,y,z);
    x=y=z=-1;
    t=++x&&++y||++z;printf("t=%d,x=%d,y=%d,z=%d\n",t,x,y,z);
    x=y=z=-1;
    t=++x||++y&&++z;printf("t=%d,x=%d,y=%d,z=%d\n",t,x,y,z);
    return 0;
}
```

7. 写出下面程序的输出结果。

```c
#include<stdio.h>
int main( )
{   int x,y,z;
```

```
        x=y=z=1;
        y=y+z;
        x=x+y;
        printf("%d\n",x<y?y:x);
        printf("%d\n",x<y?x++:y++);
        return 0;
    }
```

8. 写出下面程序的输出结果

```
    #include<stdio.h>
    int main( )
    {   int i=128;
        float x=234.89;
        double y=-123.4567;
        char c1='*';
        printf("%d, %f, %f\n", i, x, y);
        printf("%.3f, %.3e\n", x, x);
        printf("%8.3f, %8.3e\n", x, x);
        printf("%g, %f, %e\n", y, y, y);
        printf("%6c%c%c%d%%\n", c1, c1, c1, i);
        return 0;
    }
```

9. 用 C 语言的表达式描述下列命题。
(1) a 小于 b 或小于 c。
(2) a 或 b 都大于 c。
(3) a 和 b 中有一个小于 c。
(4) a 是奇数。
(5) a 不能被 b 整除。

10. 求下面表达式的值。
(1) 假设 x=2.5，a=7，y=4.7，求 x+a%3*(int)(x+y)%2/4 的值。
(2) 假设 a=2，b=3，x=3.5，y=2.5，求(float)(a+b)/2+(int)x%(int)y 的值。

11. 写出下列式子的 C 语言表达式。

(1) $\dfrac{-b+\sqrt{b^2-4ac}}{2a}+e^7$;

(2) $\sqrt{h(h-a)(h-b)(h-c)}+|x-\cos y|$。

项目三　算　　法

【知识目标】
◆ 了解算法的分类、特性和表示方法。
◆ 掌握算法的概念以及与方法的区别。
◆ 掌握结构化程序设计的原则和方法。

【能力目标】
◆ 绘制传统流程图。
◆ 用算法分析问题并编制简单结构化程序。

【引例】
已知三角形的两条边及其夹角分别是 19、13 和 38°，用程序设计的步骤进行分析并编程求三角形的面积。

任务 1　算法的概念

什么叫算法？当代著名计算机科学家 D. E. Knuth(美/克努特)在他的一本书中写到："一个算法，就是一个有穷规则的集合，其中规则规定了一个解决某一特定类型问题的运算序列。"

一、算法的基本概念

算法是为解决一个实际问题而采取的一系列方法和步骤，是解决具体问题的精确描述，解决一个问题的过程就是实现一个算法的过程。因此，算法是具有普遍性，不局限于计算问题。例如：考大学→报名→交报名费→准考证→考试→通知书→注册(没有计算过程)。所以，正确理解算法将会提高解决问题的能力。

二、算法与方法的区别

算法包含方法，方法是实现算法的手段，算法是解决问题的途径描述。例如：从贵阳到北京开会，首先要到北京才能开会，如何到北京至少可以选择乘飞机、坐火车，这就是方法。如果选择了坐飞机(方法)，首先买飞机票→按时到机场→乘飞机→北京→坐汽车→开会，这就是算法。又如：排序(见项目七)的方法有冒泡排序法和选择排序法，因此，方法与算法是有区别的，算法是解决具体问题的精确描述，而方法是对算法的抽象表达。

三、计算机算法的分类

算法分为数值运算算法和非数值运算算法。数值运算的目的是求数值解，即是含有算术运算的性质，例如：求若干数值之和。而非数值运算比较广泛，主要用于事务管理领域，例如：图书检索、学生学籍管理、排序等，主要是判断运算(也称为逻辑运算)。

四、设计程序的基本要素

(1) 数据结构：是程序中要处理数据的类型和组织形式(整型、实型、数组、指针、文件)，例如，int a,b; int a[5];。

(2) 算法：是操作步骤的描述(其中包含了方法)。

(3) 程序设计方法：自顶向下，逐步求精，模块化等。

(4) 语言工具：C 语言，Java 语言等。

即时通

程序＝算法＋数据结构，是由 N.Wirth(沃斯)提出来的，数据结构指的是数据与数据之间的逻辑关系，算法指的是解决特定问题的方法和步骤。

任务 2　算法的基本特性

算法有以下几个基本特性：

(1) 有穷性：在合理范围内程序执行有限操作步骤后终止。

(2) 确定性：算法中每一步的含义都是确定的，没有多义性。

(3) 有效性：算法中的每一步都应该有效执行，没有出现不可执行操作或无效操作，例如，一个数被零除的操作是无效的，应该避免这种操作。

(4) 有多个或零个输入：指算法在执行时需要外界提供数值或不提供数值。

(5) 有一个或多个输出：在算法中，往往需要看到程序运行结果，因此，一个算法，至少要有一个输出才有意义。

【例 3-1】　编程输出下列图形。

```
************************
        this is a book
************************
```

程序代码：

```
#include<stdio.h>
int main( )
{
    printf("************************\n")
```

```
    printf("        this is a book\n")
     printf("***************************\n")
     return 0;
  }
```

程序运行结果如图 3-1 所示。

图 3-1　例 3-1 程序运行结果

即时通

程序中没有输入数据部分，只有输出部分。

任务 3　算法的表示

算法的表示一般有自然语言，伪代码、图解法(传统流程图、N-S 图(见附录 8))和高级语言(程序)，下面主要介绍 2 种算法表示。

一、图解法(传统流程图，也称框图)

流程图是指用规定的符号按一定的规则表示算法过程的形式，即图解法。传统流程图的符号如表 3-1 所示。

表 3-1　传统流程图的符号表

符号名称	符　　　号	功　　能
起止框	▭	表示算法的开始和结束，是图解法的固定形式
输入/输出框	▱	表示算法的输入或输出，框中要出现输入或输出字样，以示区别
处理框	▭	表示算法中的处理操作，主要是赋值语句的表示
判断框	◇	表示算法中的判断处理，主要是条件语句的表示
流程线	→ ↓ ↑ ←	表示算法的执行顺序
连接点	○	表示流程图的继续
注释框	╌╌╌▯	对框图进行说明

下面给出两种基本结构流程图，循环结构的流程图本质上是分支结构。

【例 3-2】 已知圆柱体的半径和高，求圆柱体的
体积，程序流程图如图 3-2 所示。

程序代码：

```
#include<stdio.h>
#include<conio.h>
int main( )
{
    float r,h,v;
    scanf("%f,%f",&r,&h);
    v=3.14*r*r*h;
    printf("v=%f\n",v);
    return 0;
}
```

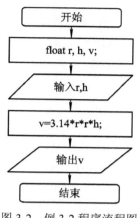

图 3-2 例 3-2 程序流程图

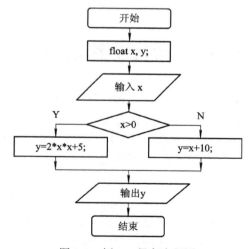

即时通

(1) 该程序是顺序结构程序。

(2) 流程图中的表达式可以是 C 语言表达式或数学表达式。

(3) 程序是算法的精确描述，流程图是算法的逻辑表示，二者可以相互转换。

(4) 特别说明一下，如果按照先画流程图，后写程序的顺序，流程图中应该是数学表
达式。

【例 3-3】 已知函数

$$y=\begin{cases} 2x^2+5 & x>0 \\ x+10 & x\le 0 \end{cases}$$

编程求 y 的值，流程图如图 3-3 所示。

图 3-3 例 3-3 程序流程图

程序代码：

```
#include<stdio.h>
#include<conio.h>
int main()
{
    float x,y;
    scanf("%f",&x);
    if(x>0) y=2*x*x+5;
    if(x<=0) y=x+10;
    printf("%f\n",y);
    return 0;
}
```

即时通

(1) 该程序是选择结构程序。

(2) 程序执行过程：输入 x → x>0 → if(x > 0)为真 → 计算 y = 2*x*x + 5 → if(x<=0)为假(不计算 y = x + 10) → printf("%f\n",y) → 结束；输入 x → x≤0 → if(x>0)为假(不计算 y = 2*x*x + 5) → if(x<=0)为真 → 计算 y = x + 10 → printf("%f\n",y) → 结束。

(3) 条件语句可以表示为

```
if(x>0) y=2*x*x+5;
else y=x+10;
```

二、用高级语言表示算法(程序代码)

例 3-2 和例 3-3 即为用高级语言表示的简单算法。

任务 4　结构化程序设计要点

算法是程序质量的关键，要设计一个好算法，必须遵循一定规则，为此，20 世纪 60 年代荷兰学者迪克特拉提出了结构化程序设计方法，使得程序设计有一定的规范和标准，结构化程序设计(structured programming)是以模块功能和处理过程设计为中心的程序设计过程。它主要采用自顶向下、逐步求精和模块化的程序设计方法。

一、程序设计的基本原则

早期，由于计算机的内存小和运行速度慢，设计程序要求"效率第一，清晰第二"，而现在计算机的内存大和运行速度快，因而，设计程序要求"清晰第一，效率第二"。

二、程序的基本结构

程序的基本结构是指顺序结构、选择结构、循环结构。

1. 顺序结构

严格按照程序从上至下的顺序执行,是程序设计的基础,任何程序离不开顺序执行。

【例 3-4】 现有两位同学的数学考试成绩分别 76 和 85,分别用 a 和 b 表示,请编程完成 a 与 b 中的数据交换。其流程图如图 3-4 所示。

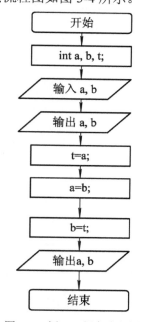

图 3-4 例 3-4 程序流程图

程序代码:

```
#include<stdio.h>
int main()
{
    int a,b,t;
    scanf("%d,%d",&a,&b);
    printf("%d,%d\n",a,b) ;
    t=a;a=b;b=t;
    printf("%d,%d",a,b);
     return 0;
}
```

2. 选择结构

选择结构又称判断结构或分支结构,执行时按条件满足与否选择执行。

【例 3-5】 求 1～100 之间奇数之和，流程图如图 3-5 所示。

程序代码：

```
#include<stdio.h>
#include<conio.h>
int main()
{    int n,t,s;
     s=0; n=0;
     l1:n=n+1;
     t=2*n-1;
     s=s+t;
     if (n<50) goto l1;
     printf("%d\n",s);
     return 0;
}
```

程序运行结果如图 3-6 所示。

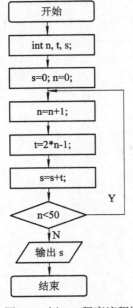

图 3-5　例 3-5 程序流程图

图 3-6　例 3-5 程序运行结果

 即时通

goto 是无条件转向语句，格式是 goto 标号，if-goto 是实现循环的一种形式。

3. 循环结构

循环结构又称重复结构，即在一定条件下反复执行一段程序的操作，是对处理问题规律性的研究，内在核心是选择结构。

三种程序结构在执行时，顺序是基础，选择是判断，循环是规律。

【例3-6】 求1～100之间整数之和，流程图如图3-7所示。

程序代码：

```
#include<stdio.h>
int    main()
{   int i,n,s;
    s=0;
    n=0;
    for(i=1;i<=100;i++)
    {   n=n+1;
        s=s+n;
    }
    printf("s=%d\n",s);
    return 0;
}
```

程序运行结果如图3-8所示。

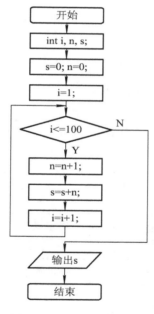

图 3-7　例 3-6 程序流程图

图 3-8　例 3-6 程序运行结果

即时通

for 是循环语句中的一种形式，从流程图看是选择结构，这说明循环结构的核心是选择结构，因此，为了理解循环结构程序的执行过程，必须掌握选择结构的流程图。

三、程序设计方法

结构化程序设计方法是以模块功能设计为中心，程序设计方法一般有自顶向下、逐步求精和模块化。

1. 自顶向下

设计程序时，先从整体入手，然后才到局部，这样做可以做到胸有全局，全面考虑，不至于顾此失彼。相反，有一种方法是自下而上，先局部后整体的程序设计过程。

2. 逐步求精

该方法是对问题的分析研究，设计程序时，把一个大的任务通过分成一个一个的小任务进行解决。

3. 模块化

模块化是程序设计的一种风格，按功能进行程序设计，形成功能模块，使得程序设计直观，易读，易修改，但代码会增多一些。

4. 三种方法结合使用

自顶向下、逐步求精、模块化程序设计方法的结合使用，是结构化程序设计不可分割的形式。

四、程序设计的特点

(1) 设计的程序只有一个入口，即程序只从一个地方开始执行。
(2) 设计的程序只有一个出口，即程序只有一个地方结束。
(3) 没有死语句(即不可能执行的语句)。
(4) 没有死循环，即程序中没有无限循环的存在，否则程序无法正常执行。

五、程序设计的一般步骤

程序设计的一般步骤如图 3-9 所示。

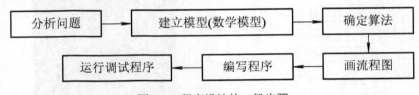

图 3-9　程序设计的一般步骤

【例 3-7】 已知三角形的两条边及其夹角分别是 19、13 和 38°，用程序设计的步骤进行分析并编程求三角形的面积。

根据题目要求，程序设计的一般步骤如下：

(1) 分析问题。求三角形面积的方法很多，根据已知条件，此次使用正弦定理计算三角形面积。

(2) 建立模型。本题数学模型不需要重新建立，有现成的数学模型(公式)正弦定理可以使用，计算公式是：

$$s = \frac{ac\sin B}{2} = \frac{ab\sin C}{2} = \frac{bc\sin A}{2}$$

(3) 确定算法。算法中体现了方法和步骤，方法是用正弦定理，算法(解题步骤)可以描述如下：

① 假设已知的两边及其夹角分别是 a、b 和角 C，输入 a、b 和 C 的值。

② 计算面积 $s = \dfrac{ab\sin C}{2}$ 的值。

③ 输出面积 s 的值。

(4) 其流程图如图 3-10 所示。

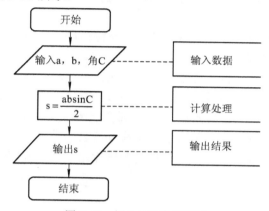

图 3-10　例 3-7 程序流程图

(5) 编写程序代码如下所示。

```c
#include<stdio.h>
#include <math.h>
int main()
{
    int a,b,C;
    float s;
    scanf("%d,%d,%d",&a,&b,&c);
    s=(a*b*sin(C*(3.14/180)))/2.0;
    printf("s=%6.3f\n",s);
    return 0;
}
```

(6) 上机运行调试程序。

即时通

在 C 语言中，三角函数的计算单位是弧度，$180° = 3.14$，$1° = \dfrac{3.14}{180}$。

小　　结

　　本项目以学习算法为中心，分别介绍了算法和结构化程序设计方法。算法分为数值运算算法和非数值运算算法，算法主要用图解法(传统流程图、N-S 图(见附录 8))和高级语言(程序)表示。荷兰学者迪克特拉提出，在结构化程序设计方法中，把程序结构分为顺序结构、选择结构、循环结构，设计程序的方法分为自顶向下、逐步求精、模块化。

实　训　题

1. 查阅荷兰学者迪克特拉、D.E.Knuth(美/克努特)和 N.Wirth(沃斯)其人其事。
2. 简述算法与方法的区别。
3. 已知圆的半径，编程求圆的面积并画流程图。
4. 编程求 1～100 之间的自然数之和并画流程图(提示：使用等差数列公式)。
5. 编程求 1～100 之间的奇数(偶数)之和并画流程图(提示：使用等差数列公式)。
6. 已知任意三个数，求其中的最大值，用流程图表示算法。
7. 已知任意三个数，要求按照从大到小的顺序输出，用流程图表示算法。

程序设计基础篇

项目四　　顺序结构程序设计

【知识目标】
◆ 了解 C 语言语句的基本形式。
◆ 了解简单数据类型(结构)及应用。
◆ 掌握顺序结构程序的基本形式。
◆ 掌握 printf、scanf、putchar、getchar 的基本格式及应用。

【能力目标】
◆ 熟练绘制顺序结构程序的流程图。
◆ 熟练进行顺序结构程序的设计。
◆ 正确理解自顶向下的程序设计方法。
◆ 在程序设计中正确使用数学解题思路。
◆ 正确理解算法并使用算法解决问题。

【引例】
已知平行四边形的底和高分别是 10、3.5，编程求平行四边形的面积。

任务 1　　C 语言基本语句形式

C 语言的语句有多种表达形式，它是程序设计的基础，具体介绍如下。

一、函数调用语句

由一个函数调用形式加上分号组成，例如最典型的是：

```
scanf("%d,%d",&a,&b);
printf("%d,%d",a,b);
```

其中 scanf、printf 是库函数(标准函数)。

即时通

函数分为库函数和自定义函数，因此，函数调用也分为库函数调用和自定义函数调用(见项目八)。

二、表达式语句

表达式由运算符号、常量、变量、函数等组成，而表达式后加一个分号就构成表达式语句。例如，x+y+sqrt(x);这样的表达式用在 if、swich、for、while 等语句中，表示真与假，表达式的值非 0 为真，0 为假。

三、复合语句

当执行的范围是多个语句时，使用复合语句表示，即是用大括号"{ }"把多个语句括起来组成的一种结构形式，简而言之，当在某种条件下执行的语句不是一条语句而是多条语句时，就要用复合语句表达方式。

【例 4-1】 已知下列函数，编程求 y 的值。

$$y = \begin{cases} 3x^2 + 2x + 5 & x > 0 \\ 4x^2 + 10x - 3 & x \le 0 \end{cases}$$

程序代码：

```
#include<stdio.h>
int main()
{
    float x,y;
    scanf("%f",&x);
    if (x>0){ y=3*x*x+2*x+5;           /*条件判断*/
            printf("%f\n",y);}
    if(x<=0){ y=4*x*x+10*x-3;          /*条件判断*/
            printf("%f\n",y);}
    return 0;
}
```

程序运行结果如图 4-1 所示。

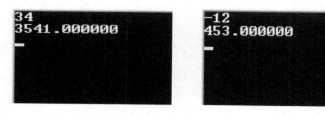

图 4-1　例 4-1 程序运行结果

即时通

(1) if(条件) 语句 1 是条件语句，当(条件)成立时，执行语句 1，否则，顺序执行

(2) 程序执行过程，当输入的 x 大于 0 时，执行复合语句{ y=3x*x*x+2*x+5; printf("%f\n", y);}，当输入的 x 小于等于 0 时，执行复合语句 {y=4*x*x+10*x-3; printf("%f\n",y);}。

(3) 分别取消例 4-1 程序中复合语句的大括号运行程序，观察结果，分析原因，充分理解程序执行过程。

四、空语句

空语句就只有一个分号,在循环语句中用得较多(实际上是书写形式改变了)。例如:

    i=1;
    for(;i<=100;i++)

其中,for()中的";"是空语句,在学习中要正确理解和使用。

五、控制语句

if()…else…(条件语句),switch(多分支语句),for()…(循环语句),while()…(循环语句),do…while()(循环语句),continue(结束本次循环后继续语句),break(中止语句 switch()或循环语句的执行),return(函数返回语句),goto(无条件转向语句)。

任务 2　赋　值　语　句

一个 C 语言程序一般由输入数据、计算处理和输出结果三部分组成,其中在输入数据(初值)、计算处理中普遍使用赋值语句。

一、基础知识

以下主要介绍赋值语句"="的基本格式和功能以及赋值语句的书写形式。

1．赋值语句的格式

格式:

    变量=表达式;

其中表达式可以是常量、变量、函数或表达式。例如:a=25,b=c,c=sart(15),d=x*y+5 等。

2．赋值语句的功能

赋值语句的功能是计算并赋值。将"="右边表达式的值计算出来后赋给左边的变量,即先计算后赋值,例如 y=2*x*+5*x-12,因此使用非常广泛。

3．复合赋值符号

复合赋值符号指在赋值符号"="之前加上其他运算符号而形成的复合结构,通常有 +=、_=、*=、/=、%=、<<=、>>=、&=、∧=、|=。其运算规则从左至右计算,例如,a+=5 等价于 a=a+5,x%=8 等价于 x=x%8,x+=y+67 等价于 x=x+(y+67)。

4．三个特殊的赋值语句表达式

前面我们发现"="号读作赋值而不是等号,这就是计算机的特殊之处,使得计算机中数学的表达有所不同。下面介绍三个最基本的表达式:

(1) n=n+1,该表达式为计数器。所谓器即是容器(器件),由于在 C 语言中变量就是存储单元的符号地址,n 表示存储单元,存储单元由电子器件组成,故称为器。在数学中 n=n+1 是不正确的,因此把 n=n+1 称为赋值表达式(即计算机中数学的表达方式),这是由计算机的特性决定的，该式子的反复运算，每次加1，形成计数过程，故称计数器。

(2) s=s+x 称为累加器，在使用时 s 一般赋初值为 0。

(3) t=t*x 称为累乘器，在使用时 t 一般赋初值为 1。

以上三个表达式应用非常广泛，可以扩展为很多形式。例如：a[1]=a[1]+x；s[i]=s[i]+a[i][j]；b[2]=b[2]+1;x[1]=x[1]*y 等形式。

二、基本应用

以下通过例题介绍赋值语句"="的应用，理解赋值语句的功能和执行过程。

【例 4-2】 已知一元二次方程 $y = 5x^2 + 10x + 15$，编程求当 $x = 5$ 时 y 的值。

程序代码：

```c
#include<stdio.h>
#include<math.h>
int main()
{
    int x;
    float y;
    scanf("%x",&x);
    y=5*pow(x,2)+10*x+15;          /*pow()是库函数*/
    printf("%f", y);
    return 0;
}
```

图 4-2　例 4-2 程序运行结果

程序运行结果如图 4-2 所示。

即时通

(1) 由于使用库函数 pow()，程序之前必须使用预处理命令 #include<math.h>。

(2) 语句 y=5*pow(x,2)+10*x+15 执行时，首先按运算符优先级计算表达式 5*pow(x, 2)+10*x+15 的值，然后将计算结果赋值给 y，即计算过程和赋值过程。

任务 3　格式输出输入函数

C 语言提供的 printf()和 scanf()函数可以对任意类型的数据进行输出输入。

一、格式输出函数 printf()

printf()函数完成程序输出(显示)结果部分的功能。

1. 基础知识

以下主要介绍 printf()函数的基本格式和功能以及 printf()函数的书写形式。

(1) 格式：

```
        printf("输出格式控制", [输出项表]);
```
例如：
```
        printf("%d%f\n",x,y);                    /*输出的数据之间没有分隔符*/
        printf("\n");                            /*换行或空行*/
        printf("x=%dy=%f\n",67,78.6);            /*有提示的输出形式*/
        printf("x=%d,y=%f\n",x+8,y+sin(3));      /*有计算功能的输出形式*/
        printf("sin(x)\n");                      /*输出字符串*/
```
其中：

① [] 表示可选项。

② 输出格式控制中包括格式控制符和普通字符，格式控制符%d、%f 将 x+8 和 y+sin(3)等转换为整型和实型输出，控制符要与输出项一一对应(个数、类型)；普通字符"x=、y=,"原样输出。项表中的项可以是常量、变量、表达式。

③ 正确理解 printf()函数的计算过程和输出过程。

(2) 功能：计算并输出(显示)程序结果。

2. 基本应用

对 printf()函数的格式进行分解，凸显 printf()函数的输出形式和功能。

1) 格式 1
```
        printf(字符串);
```
功能：原样输出字符串。

【例 4-3】 编程输出(显示)下列图形。
```
            ****************
               this is a book
            ****************
```
程序代码：
```
        #include<stdio.h>
        int main()
        {
            printf("***************\n");
            printf(" this is a book\n");
            printf("***************\n");
            return 0;
        }
```
程序运行结果如图 4-3 所示。

图 4-3　例 4-3 程序运行结果

即时通

程序中 " " 中的内容称为字符串，原样输出。

2) 格式 2

printf("输出格式控制"，输出项表);

功能：计算并输出，即按照规定的格式输出指定的项目内容，输出前先计算表达式的值。

【例 4-4】 张辉同学的半期考试成绩分别是：语文 87 分、数学 74.8 分，编程求其总分。

程序代码：

```c
#include<stdio.h>
#include<conio.h>
int main()
{   int x;
    float y,s;
    x=87;
    y=74.8;
    printf("x=%d,y=%f,s=%6.2f",x,y ,x+y);
    return 0;
}
```

程序运行结果如图 4-4 所示。

图 4-4   例 4-4 程序运行结果

即时通

① 程序中的格式控制是"x=%d,y=%f,s=%6.2f"，也称格式控制字符，%d、%f 本身不显示。

② 格式说明符：用"%"和格式字符组成，例如%d。

③ 普通字符："x=%d,y=%f,s=%6.2f"中的"x=，y=,s="为普通字符，即除格式控制部分以外的其他字符(显示时原样输出)。

④ 输出项表中的每一项可以是常量、变量或表达式。

例如：a=18，b=123，分析 printf()如下形式(请编程上机运行并观察结果)。

printf("a=%d,b=%d",a,b);   结果 a=18, b=123

printf ("%d,%d",a,b);   结果 18, 123

printf ("%d,%d, %d",a,b, a+b);   结果 18, 123, 141

printf ("%d□□%d",a,b);   结果 18□□123   /*□是空格*/

3) 格式说明符及修饰符

(1) 输出格式说明符如表 4-1 所示。

一般格式：

%格式符

表 4-1　格式说明符

格式符	功　能	例　子	结　果
d	输出带符号十进制整数	printf("%d\n",10)	10
		printf("%d\n",'A')	65
o	输出无符号八进制整数	printf("%o\n",10)	12
		printf("%o\n",'A')	101
x/X	输出无符号十六进制整数	printf("%x\n",10)	a
		Printf("%x\n",'A')	41
		printf("%X\n",10)	A
u	输出无符号十进制整数	printf("%u\n",10)	10
		printf("%u\n",'A')	65
c	输出单个字符	printf("%c\n",42)	*
		printf("%c\n",'A')	A
s	输出字符串	printf("%s\n","abcd")	abcd
f	输出实数(形式小数)	printf("%f\n",1.2345)	1.234500
e/E	输出指数形式实数	printf("%e\n",123.45)	1.23450e+02
		printf("%E\n",12.345)	1.23450E+01
g/G	输出小数或指数，不输出无意义 0，使输出宽度最小	printf("%g\n",1.2345)	1.2345
		printf("%g\n",0.0000003)	3e-07
		printf("%G\n",0.0000003)	3E-07
%	输出%	printf("%%\n")	%

【例 4-5】　编程对表 4-1 中的例子进行验证。

程序代码：

```
#include<stdio.h>
int main()
{   printf("%g\n",1.2345);
    printf("%g\n",0.0000003);
    printf("%G\n",0.0000003);
    return 0;
}
```

程序运行结果如图 4-5 所示。

图 4-5　例 4-5 程序运行结果

即时通

① 表 4-1 中给出了 printf()函数的格式符及其例子。

② 读者可以编写程序对表 4-1 中的例子进行逐一验证。

【例4-6】 无符号数输出举例。

程序代码:

```
#include<stdio.h>
int main()
{   unsigned short b;
    short c;
    b=65535;
    c=123456;
    printf("%d\n",c);
    printf("%o\n",b);
    printf("%x\n",b);
    printf("%u\n",b);
    printf("%d\n",b);
    return 0;
}
```

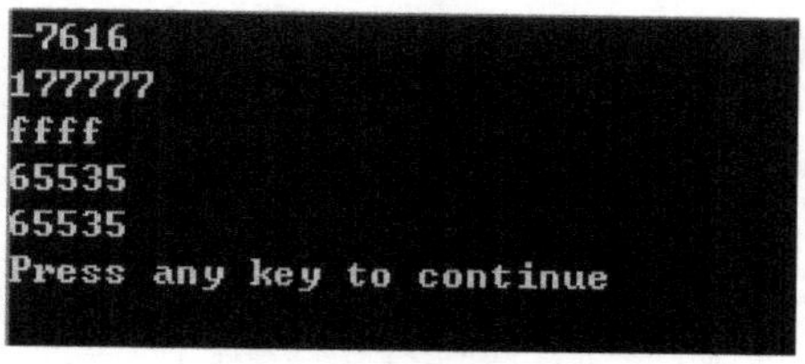

程序运行结果如图4-6所示。

图4-6 例4-6程序运行结果

即时通

123 456超出短整型范围(−32 768～+32 767)溢出为 −7616,请研究溢出的内容。

(2) 输出格式修饰符如表4-2所示。

一般形式:

%[修饰符]格式符   /*修饰符称为域宽*/

表4-2 输出格式修饰符

修饰符	功　能	例　子	结　果
m	输出数据总宽度	printf("%5d",45);	□□□45
n	输出数据精度(小数位数)或前n个字符	printf("%.3d",45);	045
		printf("%5.3d",45);	□□045
		printf("%.3s","abcdef");	abc
l	输出 ld、%lo、%lx	printf("%ld",12344567);	12344567
		printf("%lo",12344567);	57056367
		printf("%lx",12344567);	bc5cf7
h	%hd,%ho,%hx、 hu	printf("%hd",4567);	4567
		printf("%ho",4567);	10727
		printf("%hx",4567);	11d7
		printf("%hu",4567);	4567

续表

修饰符	功 能	例 子	结 果
m.n	小数修饰，四舍五入(右对齐)	printf("%7.3f",12.3456);	□12.346
		printf("%.3f",12.3456);	12.346
		printf("%7.3e",12.3456);	1.23e+D1
-	左对齐	printf("%-6d",45);	45□□□□
		printf("%-.3d",45);	045
		printf("%-7.2f",4.5678);	4.57□□□

【例 4-7】　编程对表 4-2 中的例子进行验证。

程序代码：

```
#include<stdio.h>
int main()
{   printf("%5.3d",45);
    printf("%7.3f",12.3456);
    return 0;
}
```

即时通

① 表 4-2 中给出了 printf()函数的格式修饰符及其例子。

② 读者可以编写程序对表 4-2 中的例子进行逐一验证。

③ 输出格式修饰符作用是控制显示格式。

④ m.n 格式可以实现四舍五入。

二、格式输入函数 scanf()

scanf()函数完成程序输入数据部分的功能。

1. 基础知识

以下主要介绍 scanf()函数的基本格式和功能以及书写形式。

(1) 格式：

　　scanf("输入格式控制"，输入项地址表);

例如：

```
scanf("%d%d",&a,&b);            /*输入格式 34□65*/
scanf("%d：%d",&a,&b);          /*输入格式 34：65*/
scanf("a=%d,b=%d",&a,&b);       /*输入格式 a=34,b=64*/
```

其中，格式控制用来规定输入数据类型，"a=，b=，"等其他字符在使用时必须从键盘输入，输入项地址表中地址用逗号分开。&是"地址运算符"，因为 C 语言中的变量都是符号地址，所以，&a 指的是 a 在内存中的地址。数据输入形式 "%d%d" 可以换行输入数据，"%d,%d" 不能换行输入数据。分隔符还可以是其他符号(；、：等)。

在程序中给变量输入数据的三种基本方法：

① 变量定义时赋值，例如：int a=15,b=34;。

② "="赋值，例如：a=12;b=23.5;。

③ scanf()赋值，例如：scanf("%d,%d",&a,&b);。

(2) 功能：当程序执行该语句时，等待用户从键盘上输入数据(实现人机对话)，变量获得数据后继续执行。

【例 4-8】 已知何华的语文和数学课程考试成绩，求其平均分。

程序代码：

```c
#include<stdio.h>
int main()
{   int x,y;
    float v;
    scanf("%d%d",&x,&y);
    v=(x+y)/2.0;
    printf("%6.2f",v);
    return 0;
}
```

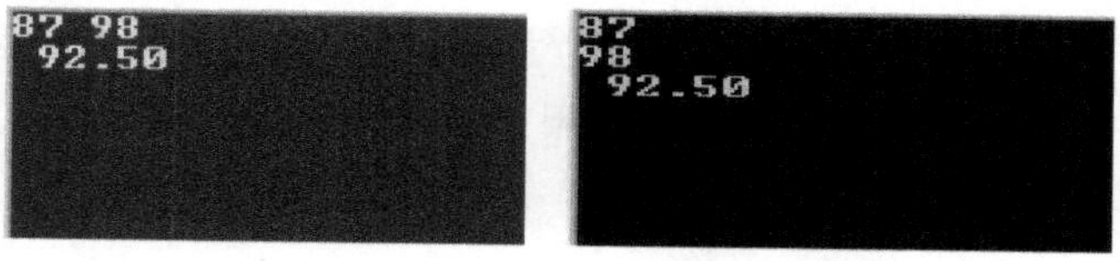

图 4-7　例 4-8 程序运行结果

程序运行结果如图 4-7 所示。

2．基本应用

对 scanf()函数的格式进行探讨，凸显 scanf()输入形式和功能。

输入格式说明符的一般形式：

%[修饰符]格式符

(1) scanf()函数的格式说明符(%格式符)如表 4-3 所示。

表 4-3　scanf 函数的格式说明符

格式字符	功　能	例　子	输入	输出
d	输入十进制整数	scanf("%d",&x);	45	45(%d)
O	输入八进制整数	scanf("%o",&x);	45	37(%d)
x	输入十六进制整数	scanf("%x",&x);	34	52(%d)
C	输入单个字符	scanf("%c",&x);	t	t (%c)
u	输入无符号整数	scanf("%u",&x);	342	342(%d)
f	输入实数，可以是小数或指数形式	scanf("%f",&x);	34.56	34.560000(%f)
e/E/g/G	输入实数，与 f 相同	scanf("%e",&x);	3.4e+02	340(%d)
s	输入字符串到数组中，以非空字符开始，以空字符结束	scanf("%s",x);	abcd	abcd(%s)

【例 4-9】 编程对表 4-3 中的例子进行验证。

程序代码：

```
#include<stdio.h>
int main()
{
    int x;
    scanf("%x", &x);
    printf("%d", x);
    return 0;
}
```

即时通

① 表 4-3 中给出了 scanf()函数的格式符及其例子，结果有数据类型说明。

② 读者可以编写程序对表 4-3 中的例子进行逐一验证。

③ %o、%x、%u 输入时，变量定义为整型。

④ scanf()函数可以实现人机对话。

(2) scanf()函数的格式修饰符(%[修饰符]格式符)如表 4-4 所示。

表 4-4　scanf()函数的格式修饰符

修饰符	功　　能	例　　子	输入	输出
l	有%ld、%lo、%lx 形式，double 型数据输入时用 %lf、%le	scanf("%ld",&x);	765	765(%ld)
		scanf("%lo",&x);	34	28(%ld)
		scanf("%lx",&x);	45	69(%ld)
		scanf("%lf",&x);	65.87	65.870000(%f)
		scanf("%le",&x);	43.87	43.870000(%f)
h	输入%hd、%ho、%hx	scanf("%hd",&x);	43	43(%d)
		scanf("%ho",&x);	12	10(%d)
		scanf("%hx",&x);	32	50(%d)
m	从输入数据中获取数据位数	scanf("%3d",&x);	12345	123(%d)
		scanf("%3o",&x);	12345	83(%d)
		scanf("%3x",&x);	12345	291(%d)
*	不赋值输入	scanf("%d%*d%d",&x,&y);	23 34 56	23 56(%d)

【例 4-10】 编程对表 4-4 中的例子进行验证。

程序代码：

```
#include<stdio.h>
int main()
```

```
{
    int a,b;
    scanf("%2d%*3d%3d",&a,&b);
    printf("a=%d b=%d",a,b);
    return 0;
}
```

图 4-8　例 4-10 程序运行结果

程序运行结果如图 4-8 所示。

注意："%*3d" 的作用是跳过 345。

即时通

① 表 4-4 中给出了 scanf() 函数的格式修饰符及其例子，结果有类型说明。

② 读者可以编写程序对表 4-4 中的例子进行逐一验证。

【例 4-11】　从键盘上输入一个 5 位数的整数，编程按逆序输出，例如：输入 56432，输出 23465。

程序代码：

```
#include<stdio.h>
int main()
{
    long x,a,b,c,d,e;
    scanf("%ld",&x);
    a=x/10000;
    b=(x-a*10000)/1000;
    c=(x-a*10000-b*1000)/100;
    d=(x-a*10000-b*1000-c*100)/10;
    e=x%10;
    x=e*10000+d*1000+c*100+b*10+a;
    printf("%ld\n",x);
    return 0;
}
```

图 4-9　例 4-11 程序运行结果

程序运行结果如图 4-9 所示。

任务 4　字符输出输入函数

C 语言提供的 putchar 和 getchar 对单个字符进行输出输入操作。

一、字符输出函数 putchar

(1) 格式：

```
putchar(表达式)
```

其中表达式可以是字符常量、字符变量或整型表达式(有范围限制)。

(2) 功能：输出单个字符。

【例 4-12】 将给定的大写字母转换为小写字母。

程序代码：

```
#include<stdio.h>
int main()
{
        char a,b;
        a='C';
        b='D';
        putchar('A');
        putchar(a);
        putchar(b);
        putchar('\n');
        putchar(a+32);
        putchar(b+32);
        return 0;
}
```

图 4-10　例 4-12 程序运行结果

程序运行结果如图 4-10 所示。

即时通

① 查阅 ASCII 码表，可知大小写字母之间的 ASCII 值相差 32。

② 编程检验 putchar('\101')、putchar('\x34')的结果。

③ 字符型数据参与运算时使用的是 ASCII 码值。

二、字符输入函数 getchar

(1) 格式：

```
变量=getchar()
```

例如，c=getchar()。

(2) 功能：从键盘输入单个字符，实现人机对话。

【例 4-13】 从键盘输入一个字符，输出该字符的 ASCII 码值。

程序代码：

```
#include<stdio.h>
int main()
{
        char c;
        c=getchar();
```

```
        putchar(c);
        putchar('\n');
        printf("%d\n",c);
        return 0;
    }
```

程序运行结果如图 4-11 所示。

图 4-11　例 4-13 程序运行结果

 即时通

scanf 和 printf 可以输入输出任意数据，getchar 和 putchar 仅用于字符的输入输出(注意：getchar()函数输入时，空格、回车符都是有效输入)。

任务 5　顺序结构程序设计综合举例

【例 4-14】　已知平行四边形的底和高分别是 10、3.5，求平行四边形的面积。

计算公式：平行四边形的面积＝底×高

数学解法：

假设：平行四边形的底和高分别是 a、h，面积为 s。

已知：$a = 10, h = 3.5$

求解：$s = a \times h$

　　　$= 10 \times 3.5$

　　　$= 35$

答：平行四边形的面积是 35。

解题过程：变量假设→已知→计算求解→回答。

编程解法：

方法一：用赋值语句"="给变量赋初值，其流程图如图 4-12 所示。

程序代码：

```
    #include<stdio.h>
    int main()
    {
        int a;
        float h,s;
        a=10;
```

```
        h=3.5;
        s=a*h;
        printf("s=%6.2f",s);
        return 0;
}
```

程序运行结果如图 4-13 所示。

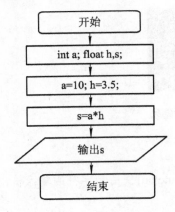

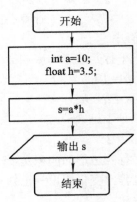

图 4-12　例 4-14 方法一程序流程图　　　图 4-13　例 4-14 方法一程序运行结果

解题过程：定义变量→输入数据→计算处理→输出(显示)结果。

方法二：在定义变量时给变量赋初值，其流程图如图 4-14 所示。

程序代码：

```
#include<stdio.h>
int main()
{
        int a=10;
        float h=3.5,s;
        s=a*h;
        printf("s=%6.2f",s);
        return 0;
}
```

方法三：用格式输入函数 scanf()给变量赋初值，其流程图如图 4-15 所示。

图 4-14　例 4-14 方法二程序流程图

```
#include<stdio.h>
int main()
{
        int a;
        float h,s;
        printf("a,h=?");            //提示项
        scanf("%d,%f",&a,&h);
```

```
        s=a*h;
        printf("s=%-6.2f",s);
        return 0;
    }
```

程序运行结果如图 4-16 所示。

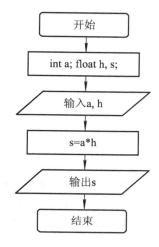

图 4-15 例 4-14 方法三程序流程图   图 4-16 例 4-14 方法三程序运行结果

即时通

(1) 比较方法一、方法二、方法三，只是输入数据形式不同。方法一用的是赋值语句，程序没有灵活性；方法二在定义变量时赋值，程序仍然没有灵活性；方法三用的是 scanf 函数，使程序具有灵活性，每次运行程序时输入不同的数据就得到不同的结果。

(2) 为了使输入时出现提示，在 scanf 之前加上了 printf("a,h=?")，程序运行结果为：
    a,h=?10,3.5

(3) 在绘制流程图时，如果表达式在程序中可以交换位置，那么可以在同一个框图中表示这些表达式(如 a=10，h=3.5)，否则，只能单独用框图表示(如 s=a*h)。

【例 4-15】 从键盘上输入一个大写字母，编程输出它为小写字母，并输出它的 ASCII 码值。

程序代码：

```
#include<stdio.h>
int main()
{
    char c1,c2;
    c1=getchar();
    c2=c1+32;
    putchar(c2);
```

```
        printf("\n");
        printf("%d",c1);
        return 0;
    }
```

程序运行结果如图 4-17 所示。

图 4-17　例 4-15 程序运行结果

小　　结

　　顺序结构是程序最基本的结构形式，程序主要由 scanf、printf、getchar、putchar 函数和赋值语句("=")组成，程序严格按照书写顺序执行，程序的执行顺序反映了数学解题逻辑，涉及到的数据结构是整型、实型和字符型。数学解题过程：变量假设→已知→计算求解→回答；程序解题过程：定义变量→输入数据→计算处理→输出(显示)结果。

实　训　题

1．查阅存储器和存储器层次结构的相关知识及其存储特性。
2．运行程序，分析改错。
(1) 编程计算 $y = 6x^2 + 4x - 18$ 的值($x = 4.7$)。

```
    #include<stdio.h>
    void main()
    {
        char x=4.7,
        y=6x*x+4*x-18;
        printf("\ny=%7.2d",y);
        getch();
    }
```

(2) 已知圆的半径，编程求圆的周长。

```
    void main()
    {   float r;l;
        l=2*3.14r;
        printf("l=%f",l);
        getch();
    }
```

(3) 编程从键盘上输入三个数，求其三数之和及三数之积。

```
void main()
{
    int a,b,c;
    scanf("%d%d%d",a,b,c);
    a=a+b+c,b=abc;
    printf("a+b+c=%d\n",a);
    printf("a*b*c=%d\n",b);
    getch();
}
```

(4) 编程将键盘输入大写字母转换成小写字母。

```
void main();
{
    int a,b;
    a=getchar();
    b=a+32;
    putchar(b);
    getch();
}
```

3．程序设计。

(1) 从键盘上输入一个小写字母，编程输出它左右相邻的两个大写字母及其 ASCII 码值，并画出流程图。

(2) 已知三角形的三条边，求三角形的面积，并画出流程图(提示：人为判断三边是否形成三角形。问题：程序如何实现判断(见项目五))。

(3) 已知 a、b、c 的值，求方程 $ax^2 + bx + c = 0$ 的根，并画出流程图(提示：人为判断 a, b, c 是否使 $b^2 - 4ac \geq 0$。问题：程序如何实现判断(见项目五))。

(4) 已知圆球的半径是 4.7，求圆球的表面积和体积，并画出流程图。

(5) 编程输出以下图形。

项目五　选择结构程序设计

【知识目标】
◆ 掌握 if 语句的三种结构形式及执行过程。
◆ 掌握 switch 语句的结构形式及执行过程。
◆ 掌握 break 语句的功能及应用。

【能力目标】
◆ 正确使用选择(分支)语句设计程序。

【引例】
已知三个数 56、72、23，编程按从大到小的顺序输出这三个数。

任务 1　if 语 句

if 语句是实现选择(分支)结构程序设计的基本语句，有三种结构形式。针对不同的实际问题要正确使用不同的结构。

一、if 单分支结构

if 语句的单分支结构是指对条件的单向判断作出单向选择执行，即具有选择作用。

1. 基础知识

(1) 基本结构(单边判断结构、单分支结构)：

　　if (表达式) 语句

其中 (表达式) 可以是算术、关系和逻辑表达式，表达式的值是真(用 1 表示)或假(用 0 表示)，语句可以是单条语句或复合语句。

(2) 功能：判断选择执行。当表达式成立时(真)，执行语句部分；当表达式不成立(假)时，执行 if 结构外的下一条语句(顺序执行)。if 语句单分支结构的流程图如图 5-1 所示。

2. 基本应用

通过例题掌握 if 语句的执行过程。

【例 5-1】　编程从键盘输入 x 的值，计算分段函数 y 的值。

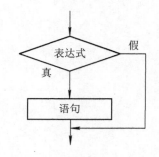

图 5-1　if 语句单分支结构的流程图

$$y = \begin{cases} 3x^2 + 12x - 9 & x \geqslant 0 \\ 5x^2 + 34x + 5 & x < 0 \end{cases}$$

分析：通过本例可以看出，用 if 语句实现数学中的分段函数非常方便。

程序代码：

```
#include<stdio.h>
int main( )
{    float x,y;
     scanf("%f",&x);
     if (x>=0) y=3*x*x+12*x-9;
     if (x<0) y=5*x*x+34*x+5;
     printf("%f",y);
     return 0;
}
```

程序运行结果如图 5-2 所示。

图 5-2　例 5-1 程序运行结果

![即时通]

程序执行的基本过程是顺序执行，执行路径的改变是由控制语句完成的，换句话说，要改变程序的执行路径，就要通过控制语句来实现。

例 5-1 程序的执行过程：

(1) 设 x=12，执行过程：

　　if(x>=0) → y=3*x*x+12*x-9 → if(x<0) → printf → return

(2) 设 x = −10，执行过程：

　　if(x>=0) → if(x<0) → y=5*x*x+34*x+5 → printf → return

可见，仍然体现了顺序执行。

if(表达式) 语句是单向判断，重点考虑(表达式)为真的执行情况(有筛选或选择功能)。

【例 5-2】　已知李民和王博的"英语"课考试成绩分别为 75 和 84，找出其中的最大数(或最小数)。

方法一：直接判断法。基本原理是使用 if 语句的功能(选择或筛选)直接比较 a 和 b 的值，输出大值(或小值)。

程序代码：

```
#include<stdio.h>
int main( )
{    int a,b;
     a=75;b=84;                    /*或 scanf("%d%d",&a,&b);*/
     if (a>b) printf("%d",a);
     if (a<=b) printf("%d",b);
```

```
        return 0;
    }
```

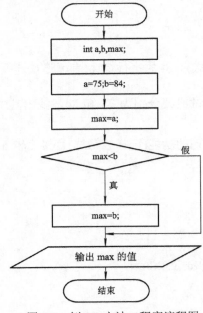 即时通

作为程序仿真，要满足各方面的情况，方法一中既要满足(a > b)的情况，又要满足 (a≤b)的情况，因此，编程要全面、系统考虑问题，培养系统思维。

　　　方法二：预置变量法。基本原理是预先设置一个变量 max 存储最大值，首先将处理数据中的任意一个值赋给 max 作为初值，再将剩下的值分别拿来与 max 进行比较，将大值赋给 max。其流程图如图 5-3 所示。

　　　程序代码：

```
#include <stdio.h>
#include <conio.h>
int main( )
{   int a,b,max;
    a=75;
    b=84;
    max=a;
    if(max<b) max=b;
    printf("max=%d\n",max);
    return 0;
}
```

　　　程序运行结果如图 5-4 所示。

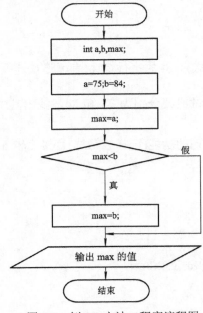

图 5-3　例 5-2 方法二程序流程图

图 5-4　例 5-2 方法二程序运行结果

即时通

(1) a 和 b 的值可以使用 scanf()函数从键盘任意输入，使程序具有更好的通用性。

(2) 如果求最小值，只需把 if (max<b)修改成 if (max>b)即可。

【**例 5-3**】 已知张弘、黄兴、韦东明的"计算机应用基础"课考试成绩分别是 73、65 和 82，编程找出最高分(或最低分)。

方法一：直接判断法(注意：判断表达式的书写形式)。

程序代码：

```c
#include<stdio.h>
int main( )
{
    int a,b,c;
    printf("a,b,c=?");
    scanf("%d,%d,%d",&a,&b,&c);
    if (a>b&&a>c) printf("%4d",a);
    if (b>a&&b>c) printf("%4d",b);
    if (c>a&&c>b) printf("%4d",c);
    return 0;
}
```

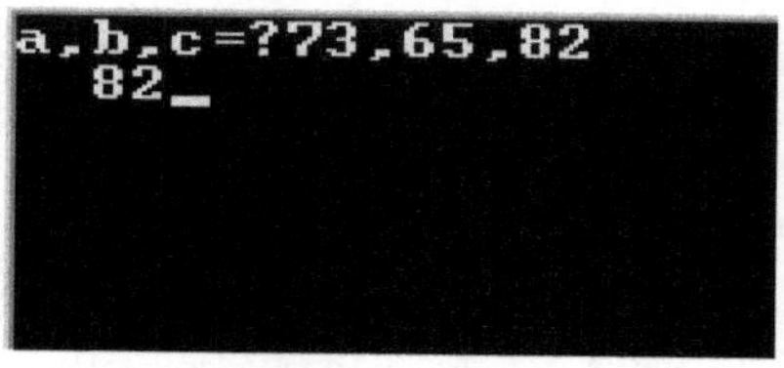

图 5-5 例 5-3 方法一程序运行结果

程序运行结果如图 5-5 所示。

方法二：预置变量法，流程图如图 5-6 所示。

程序代码：

```c
#include <stdio.h>
#include <conio.h>
int main( )
{
    int a,b,c,max;
    a=73;
    b=65;
    c=82;
    max=a;
    if(max<b)    max=b;
    if(max<c)    max=c;
    printf("max=%d\n",max);
    return 0;
}
```

程序运行结果如图 5-7 所示。

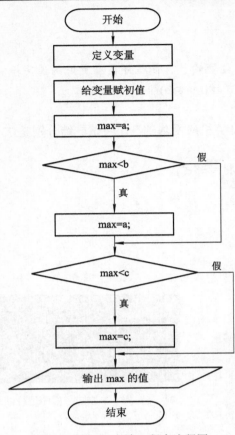

图 5-6　例 5-3 方法二程序流程图

图 5-7　例 5-3 方法二程序运行结果

即时通

(1) if(表达式)语句实质上是一种按条件选择执行对象的语句，它具有筛选的功能，(表达式)非 0 为真。

(2) 思考：例 5-3 中是求 3 个数的最大值，如果有 4 个、5 个、n 个数，如何求其中的最大数(最小数)。

【例 5-4】　已知王涛和何杨的"数学"课考试成绩分别为 62 和 71(或已知王涛和何杨的数学考试成绩)，按从大至小排序输出。

方法一： 直接判断法，基本原理是使用 if 语句的功能直接比较 a 与 b，按大小顺序输出。

程序代码：

```
#include <stdio.h>
int main( )
{
    int a,b;
    printf("a b=?");
```

```
        scanf("%d%d",&a,&b);
        if (a>b) printf("%d    %d",a,b);
        if (b>a) printf("%d    %d",b,a);
        return 0;
    }
```

程序运行结果如图 5-8 所示。

图 5-8　例 5-4 方法一程序运行结果

方法二：目标法。基本原理是首先设定输出的顺序是 a(大)和 b(小)，方法是调数法，算法是将 a 与 b 进行比较，如果 a < b，将 a、b 两个值互换；如果 a≥b，直接输出。其程序流程图如图 5-9 所示。

程序代码：

```
#include <stdio.h>
#include <conio.h>
int main( )
{   int a,b,t;
    printf("a b=?");
    scanf("%d%d",&a,&b);
    if(a<b)    {t=a;a=b;b=t;}
    printf("%d,%d\n",a,b);
    return 0;
}
```

程序运行结果如图 5-10 所示。

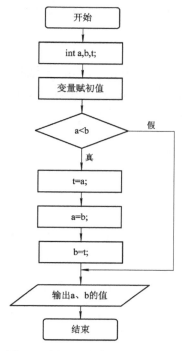

图 5-9　例 5-4 方法二程序流程图

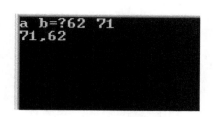

图 5-10　例 5-4 方法二程序运行结果

即时通

(1) {t=a;a=b;b=t;}是复合语句，必须用大括号括起来，表示多条语句完成一个功能。

(2) 将两个变量的值进行互换时，要使用中间变量。

【例 5-5】 已知杨刚、黄东升、韦明的"哲学"课考试成绩分别是 64、82 和 76(或已知杨刚、黄东升、韦明的哲学考试成绩)，按从大至小排序输出。

方法一：直接判断法(注意判断表达式的书写形式)。三个数有 6 种排列情况(即 a-b-c,a-c-b,b-a-c,b-c-a,c-a-b,c-b-a)。

程序代码：

```c
#include<stdio.h>
int main( )
{   int a,b,c;
    printf("a,b,c=?");
    scanf("%d,%d,%d",&a,&b,&c);
    if (a>b&&b>c) printf("%4d%4d%4d",a,b,c);
    if (a>c&&c>b) printf("%4d%4d%4d",a,c,b);
    if (b>a&&a>c) printf("%4d%4d%4d",b,a,c);
    if (b>c&&c>a) printf("%4d%4d%4d",b,c,a);
    if (c>a&&a>b) printf("%4d%4d%4d",c,a,b);
    if (c>b&&b>a) printf("%4d%4d%4d",c,b,a);
    return 0;
}
```

图 5-11　例 5-5 方法一程序运行结果

程序运行结果如图 5-11 所示。

方法二：目标法。基本原理是设定输出顺序是 a(大)、b(中)、c(小)，方法是调数法，首先是用 a 分别与其他数进行比较选出 a，再用 b 分别与剩下的数进行比较选出 b，以此类推，确定 a、b、c(排序过程是求最大值的应用)，流程图如图 5-12 所示。

程序代码：

```c
#include <stdio.h>
#include <conio.h>
int main( )
{   int a,b,c,t;
    printf("a,b,c=?");
    scanf("%d,%d,%d",&a,&b,&c);
    if(a<b)   {t=a;a=b;b=t;}
    if(a<c)   {t=a;a=c;c=t;}
    if(b<c)   {t=b;b=c;c=t;}
    printf("%d,%d,%d\n",a,b,c);
    return 0;
}
```

程序运行结果如图 5-13 所示。

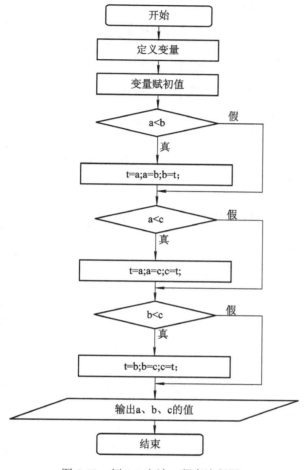

图 5-12　例 5-5 方法二程序流程图

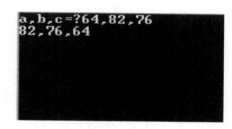

图 5-13　例 5-5 方法二程序运行结果

 即时通

(1) 如果是三个数以上(4 个、5 个、n 个)应该怎么办? 请读者思考。

(2) 如果是由小至大排序，只需要修改条件即可：if (a>b)、 if (a>c)、if (b>c)。读者可自行验证。

二、if-else 结构

if-else 语句双分支结构是对条件进行全面判断后选择执行(二者必选其一)。

1. 基础知识

(1) 完整结构(全判断、双分支):

　　if(表达式)语句 1;

　　　　else 语句 2;

其中(表达式)可以是算术、关系和逻辑表达式，表达
式的值是真(非 0)或假(0)，语句 1 和语句 2 可以是单
条语句或复合语句。

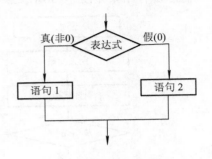

　　(2) 功能：判断选择执行。当表达式成立(真)时，
执行语句 1 部分，执行完语句 1，直接执行 if-else
结构外的下一条语句(顺序执行)；当表达式不成立
(假)时，执行语句 2 部分，执行完语句 2，直接执行
if-else 结构外的下一条语句(顺序执行)。if-else 结构
图如图 5-14 所示。

图 5-14　if-else 结构图

2. 基本应用

通过例题掌握 if-else 语句的执行过程。

【例 5-6】　从键盘输入 x 的值，用 if-else 结构编程计算分段函数 y 的值。

$$y=\begin{cases}3x^2+12x-9 & x\geqslant 0\\5x^2+34x+5 & x<0\end{cases}$$

程序代码：

```
#include <stdio.h>
#include<math.h>
int main( )
{
    float x,y;
    scanf("%f",&x);
    if (x>=0) y=3*pow(x,2)+12*x-9;
        else y=5*pow(x,2)+34*x+5;
        printf("%6.2f"，y);
    return 0;
}
```

即时通

　　if(表达式) 语句 1
　　　else　语句 2
　　该结构表示：当表达式计算时必须执行语句 1 或语句 2。

【例 5-7】　已知王若和张猛的"经济学"课的考试成绩，找出其中的最大数(或最小数)，
其流程图如图 5-15 所示。
　　程序代码：

```
#include <stdio.h>
#include <conio.h>
```

```
int main( )
{
    int a,b,max;
    printf("a,b=?");                //提示项
    scanf("%d,%d",&a,&b);
    if(a>b)    max=a;
        else    max=b;
    printf("max=%d\n",max);
    return 0;
}
```

程序运行结果如图 5-16 所示。

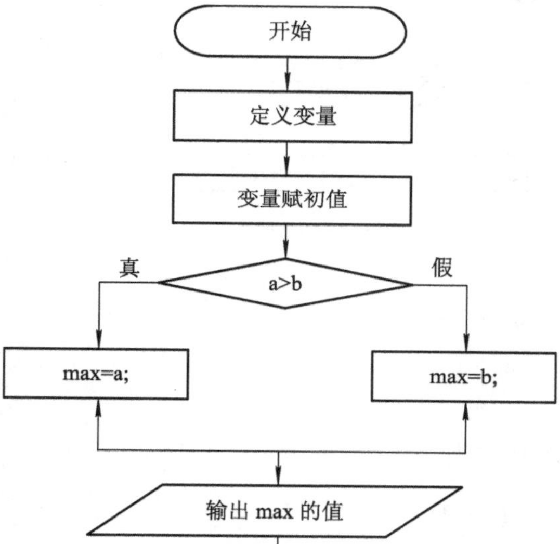

图 5-15 例 5-7 程序流程图

图 5-16 例 5-7 程序运行结果

三、if 和 if-else 语句嵌套结构

1. 基础知识

if 语句中包含 if 语句的结构形式(嵌套形式)，有以下两种结构：

(1) if(表达式) if(表达式)

(2) if(表达式 1) 语句 1；
  else if(表达式 2) 语句 2；
    else if(表达式 3) 语句 3；

      ……

        else if(表达式 m) 语句 m；
          else 语句 n

即时通

if-else 语句嵌套时，else 与其上最近的 if 进行配对。

if-else if 语句的结构流程图如图 5-17 所示。

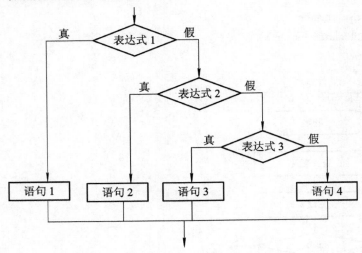

图 5-17　if-else if 语句的结构流程图

2. 基本应用

通过例题掌握 if 语句的嵌套执行过程。

【**例 5-8**】　编写程序输入 x 的值，计算分段 y 的值。

$$y = \begin{cases} x & (x < 1) \\ 2x - 1 & (1 \leqslant x < 10) \\ 3x - 11 & (x \geqslant 10) \end{cases}$$

其程序流程图如图 5-18 所示。

程序代码：

```
#include <stdio.h>
#include <conio.h>
int main( )
{
    float x,y;
    printf("x=?");
    scanf("%f",&x);
    if(x<1) y=x;
    else if(x<10) y=2*x-1;
            else   y=3*x-11;
```

```
        printf("y=%.2f\n",y);
        return 0;
    }
```

程序运行结果如图 5-19 所示。

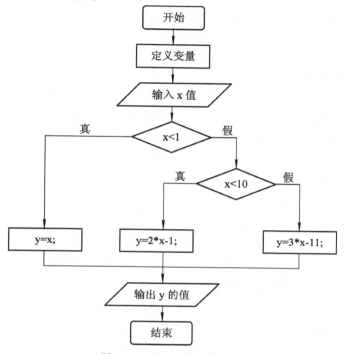

图 5-18　例 5-8 程序流程图

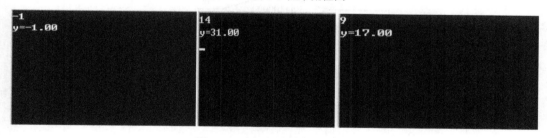

图 5-19　例 5-8 程序运行结果

【例 5-9】　已知杨红宇、黄明明、韦小明的"数学"课考试成绩，编程按大小顺序排序输出。

程序代码：

```
#include<stdio.h>
int main( )
{
    int a,b,c;
    printf("a,b,c=?");
    scanf("%d,%d,%d",&a,&b,&c);
```

```
    if (a>b) if (b>c) printf("%4d%4d%4d",a,b,c);
        else if (a>c) printf("%4d%4d%4d",a,c,b);
            else printf("%4d%4d%4d",c,a,b);
        else if (a>c) printf("%4d%4d%4d",b,a,c);
            else if (b>c) printf("%4d%4d%4d",b,c,a);
                else printf("%4d%4d%4d",c,b,a);
    return 0;
}    //请绘制该程序流程图
```

【例 5-10】 计算工资税额。假设：工资超过 50000 元，交税额为工资的 50%；工资超过 10 000 元，交税额为工资的 30%；工资超过 7000 元，交税额为工资的 20%；工资超过 5000 元，交税额为工资的 10%；工资少于等于 5000 元的不交税。

分析：设工资为 s，税率为 a，交税额为 t；t=s*a。不过 a 是随着 s 的变化取不同的值。其流程图如图 5-20 所示。

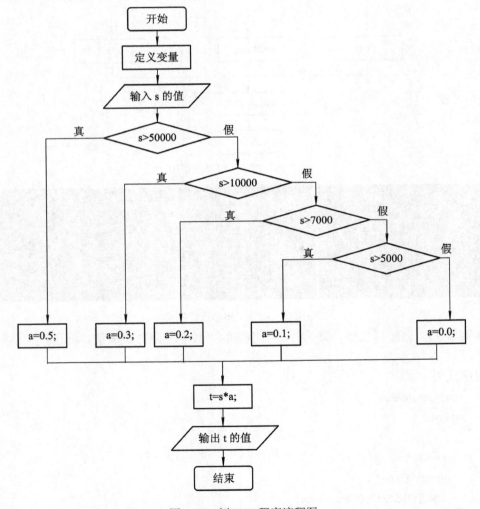

图 5-20　例 5-10 程序流程图

程序代码：

```
#include <stdio.h>
#include <conio.h>
int main( )
{
    int s;
    float a,t;
    scanf("%d",&s);
    if (s>50000) a=0.5;
      else if (s>10000) a=0.3;
      else if (s>7000) a=0.2;
      else if (s>5000) a=0.1;
      else a=0.0;
    t=s*a;
    printf("t=%.2f\n",t);
    return 0;
}
```

任务 2　switch-case 语句

基本的 if 语句和 if-else 语句，可以满足大多数使用要求，然而，对于分段函数比较多时，用这种方式，要使用的 if 语句比较多，显得比较繁琐，针对此类问题，可以使用 switch-case(多分支语句)解决。

一、基础知识

多分支语句实际上是对条件语句的应用，凡是用 switch()编写的程序都可以用 if 改写，反之则不一定。

(1) switch-case 语句格式：

```
switch(表达式)
{
  case 常量表达式 1：语句 1；
  case 常量表达式 2：语句 2；
  case 常量表达式 3：语句 3；
       ……
  default:语句 n;
}
```

switch-case 语句的流程图如图 5-21 所示。

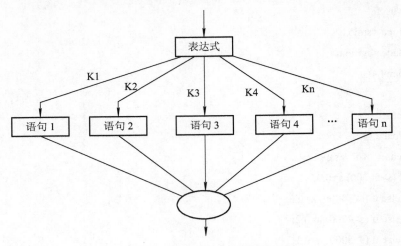

图 5-21　　switch-case 语句流程图

(2) break 语句。

break 语句的作用是终止 switch()语句的执行，直接转而执行 switch 之外的语句(循环语句中也要用到)。

即时通

(1) switch 之后的表达式的值一般为整型常量(如整型数、字符型数)；

(2) 当表达式的值与某一个 case 之后的常量表达式的值相等时，执行 case 后面的语句；如表达式的值不等于任何一个常量表达式的值时，执行 default 之后的语句；

(3) case 与 default 后面的语句可以是单条语句和复合语句；

(4) 常量表达式的值必须不相同，否则程序执行过程中会产生二义性；

(5) switch 之后的表达式的构造(数学模型)是实现语句功能的关键。

二、基本应用

通过例题掌握 switch()的执行过程。

【例 5-11】　从键盘上输入学生考试成绩的等级，将其转换成相对应的分数段输出。

方法一：用 "=" 赋初值。

程序代码：

```
#include <stdio.h>
#include <conio.h>
int main( )
{
    char c1;
    c1='B';                    /*或 scanf("%c",&c1)*/
    switch(c1)
    {
```

```
        case 'A': printf("85—100\n");
        case 'B': printf("70—84\n");
        case 'C': printf("60—69\n");
        case 'D': printf("<60\n");
        default: printf("error\n");}
    return 0;
}
```

程序运行结果如图 5-22 所示。

图 5-22　例 5-11 方法一的程序运行结果

即时通

正确结果应是"70—84"。从程序运行结果来看，switch(c1)只负责分配(查找)入口值，之后按顺序执行，与题目要求是不同的。因此应结合 break 语句使用，将上例修改为以下方法二。

方法二：用"="赋初值，并使用 break 语句控制程序执行。
程序代码：

```
#include <stdio.h>
#include <conio.h>
int main( )
{
    char c1;
    c1='A';
    switch(c1)
    {
        case 'A':printf("85—100\n");break;
        case 'B':printf("70—84\n"); break;
        case 'C':printf("60—69\n"); break;
        case 'D':printf("<60\n"); break;
        default: printf("error\n");
    }
    return 0;
}
```

程序运行结果如图 5-23 所示。

图 5-23　　例 5-11 方法二的程序运行结果

即时通

(1)　break 是强制退出指令(终止命令)，当有该指令时，强制退出 switch 程序，程序不再运行。读者可以将 c1 的值改变成任何值，来验证程序的正确性。考虑程序的通用性时，也可将语句 c1='A' 改成 scanf("%c",&c1)。

(2)　当输入 c1 的值超出 A—D 条件时，程序执行 default 之后的语句。

方法三：使用 scanf()从键盘输入等级。

程序代码：

```
#include <stdio.h>
#include <conio.h>
int main( )
{
    char c1;
    scanf("%c",&c1);
    switch(c1)
    {
        case 'A':printf("85—100\n");break;
        case 'B':printf("70—84\n"); break;
        case 'C':printf("60—69\n"); break;
        case 'D':printf("<60\n"); break;
        default: printf("error\n");
    }
    return 0;
}
```

程序运行结果如图 5-24 所示。

图 5-24　例 5-11 方法三程序运行结果

 即时通

从程序运行结果看，当输入的值超出范围时，就输出"error"。

【**例 5-12**】　编程输入 x 的值，计算分段函数 y 的值。

$$y = \begin{cases} \cos(x+3.0) & 0 \leqslant x < 10 \\ \cos^2(x+7.5) & 10 \leqslant x < 20 \\ \cos^4(x+4.2) & 20 \leqslant x < 30 \end{cases}$$

方法一：用 if 语句编写程序。
程序代码：

```c
#include<stdio.h>
#include <math.h>
int main( )
{
    float   x,y;
    printf("x=?");
    scanf("%f",&x);
    if(x>=0&&x<10) y=cos(x+3.0);
    if(x>=10&&x<20) y=pow(cos(x+7.5),2);
    if(x>=20&&x<30) y=pow(cos(x+4.2),4);
    printf("%f",y);
    return 0;
}
```

 即时通

分析例 5-12 中条件部分的规律性（"="在数的低端），为了适应规律性和克服多个条件语句的应用过程，该题可以使用 switch() 语句。

方法二：用 switch() 直接编程，认识程序执行过程。
程序代码：

```c
#include<stdio.h>
#include <math.h>
```

```c
int main( )
{ float   x,y;
    printf("x=?");
    scanf( "%f",&x);
    switch (floor(x))          //floor 是取整函数
    {
        case 0:
        case 1:
        case 2:
        case 3:
        case 4:
        case 5:
        case 6:
        case 7:
        case 8:
        case 9: y=cos(x+3);printf("%f",y);break;
        case 10:
        case 11:
        case 12:
        case 13:
        case 14:
        case 15:
        case 16:
        case 17:
        case 18:
        case 19 y=pow(cos(x+7.5),2);printf("%f",y);break;
        case 20:
        case 21:
        case 22:
        case 23:
        case 24:
        case 25:
        case 26:
        case 27:
        case 28:
        case 29:  y=pow(cos(x+4.2),4);printf("%f",y);break;
        default:   printf("error\n");
    }
    return 0;
}
```

即时通

该程序设计过程中没有使用技巧，程序显得虽然直观，但比较麻烦，主要强调认知规律的实践。

方法三：用 switch(表达式)编程，关键是构造表达式。

程序代码：

```
#include 0;
#include <math.h>
int main( )
{
    float   x,y;
    printf("x=?");
    scanf( "%f",&x);
    switch (floor(x/10))
    {
        case 0:y=cos(x+3);printf("%f",y);break;
        case 1:y=pow(cos(x+7.5),2);printf("%f",y);break;
        case 2:y=pow(cos(x+4.2),4);printf("%f",y);break;
        default:   printf("error\n");
    }
    return 0;
}
```

程序运行结果如图 5-25 所示。

图 5-25　例 5-12 方法三程序运行结果

即时通

switch(表达式)中表达式的构成规则：

(1) 表达式的结果一般应为整数型数值或字符型数值等。

(2) 根据条件建立表达式，寻找代表值。

例如：表达式 floor(x/10)，当 x 取[0—10)时，表达式 floor(x/10)的值是 0(区间代表值)，同理，当 x 取[10—20)时，代表值是 1，当 x 取[20—30)时，代表值是 2。

(3) switch 使用的规律是条件中的“=”在低端(如：$20 \leqslant x < 30$)。因此，switch 是对条件规律性的研究和应用。

(4) 表达式一般是已知值除以端点值。用 switch 设计的程序可以用 if 改写，反之，则不一定(要看条件规律)。

(5) 思考：当 "=" 在条件的高端(如 20<x≤30)时会出现什么问题，如何处理? (提示：用 x 减去一个很小的数，即 x-0.0000001)

【例 5-13】 根据输入的月份输出该月的天数。

分析：一年有 12 个月，每个月的天数略有不同。这是一个典型的多路选择的场景。可以将天数为 31 天的分为 1 组，30 天的分为 1 组，2 月份单独为 1 组。这样前两组多个月可以共享处理过程。

程序代码：

```c
#include <stdio.h>
#include <conio.h>
int main( )
{
    int month;
    printf("which month:);
    scanf("%d",&month);
    switch(month)
    {   case 2:printf("there are 28 or 29 days in the month.\n");break;
        case 1:
        case 3:
        case 5:
        case 7:
        case 8:
        case 10:
        case 12: printf("there are 31 days in the month.\n");break;
        case 4:
        case 6:
        case 9:
        case 11: printf("there are 30 days in the month.\n");break;
        default: printf("input a wrong month.\n");
    }
    return 0;
}
```

程序运行结果如图 5-26 所示。

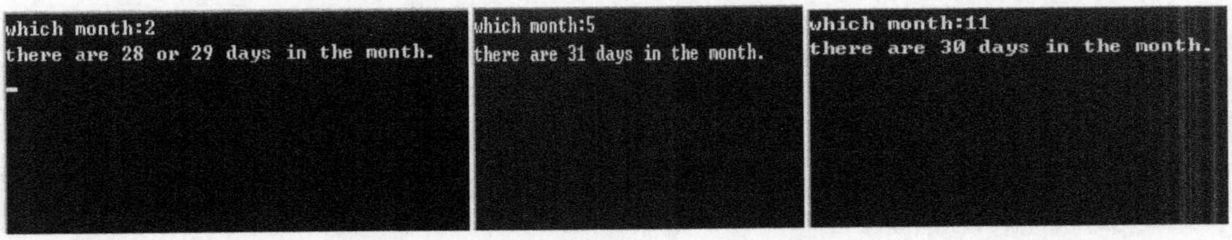

图 5-26　例 5-13 程序运行结果

即时通

(1) 按分析的情况将 12 个月分成 3 种情况进行处理。

(2) 由于 1、3、5、7、8、10、12 这几个月的天数相同，可以对它们统一处理。case 1、case 3、case 5、case 7、case 8、case 10、case 12 共用一个处理语句(可以分别重复书写)。同理 4、6、9、11 采用上述过程处理。

(3) 值 1、3、5、7、8、10、12 和 4、6、9、11 使用了顺序执行思想。

(4) 此例可用 if-else if-else 结构语句改写，请读者思考。

【例 5-14】 运输公司对用户计算运费。路程(s)越远，每公里运费越低。标准如下：

s≤250km	没有折扣
250≤s<500	2%折扣
500≤s<1000	5%折扣
1000≤s<2000	8%折扣
2000≤s<3000	10%折扣
3000≤s	15%折扣

设每公里每吨货物的基本运费为 p(price 的缩写)，货物重为 w(weight 的缩写)，距离为 s，折扣为 d(discount 的缩写)，则总运费 f(fright 的缩写)的计算公式为 $f=p*w*s*(1-d)$。

分析：先看条件规律，折扣点都是 250 的倍数，利用这一特点可以寻找区间代表值。

程序代码：

```c
#include <stdio.h>
#include <conio.h>
int main( )
{
    int  c, s;
    float  p, w, d, f;
    scanf("%f, %f, %d", &p, &w, &s);
    if(s>=3000) c=12;
        else c=s/250;
    switch(c)
    {
        case 0: d=0; break;
        case 1: d=2; break;
        case 2: ;
        case 3: d=5; break;
        case 4:;
        case 5:;
        case 6:;
        case 7: d=8; break;
```

```
        case  8:;
        case  9:;
        case  10:;
        case  11: d=10; break;
        case  12: d=15; break;
    }
    f=p*w*s*(1-d/100.0);
    printf("freight=%15.4f", f);
    return 0;
}
```

程序运行结果如图 5-27 所示。

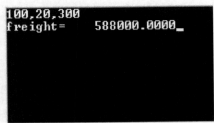

100,20,300
freight=   588000.0000_

图 5-27　例 5-14 程序运行结果

即时通

该题一方面强化 switch 的应用，另一方面学习处理没有上界的情况，如：对 s 大于等于 3000 进行处理的技巧。

小　　结

本项目是初学者的难点，也是学习循环结构程序设计的基础，因此，在了解 if 和 switch 语句结构和功能的基础上，重点掌握语句的执行过程、流程图的绘制和程序设计的方法和技巧。

实　训　题

1. 从键盘上任意输入 10 个数，设计一个程序分别求这 10 个数中的最大值和最小值，并画流程图。

2. 设计一个程序，从键盘上任意输入三个数，计算以这三个数为边长的三角形的面积(提示：要判断这三个数是否能构成三角形)，并画流程图。

3. 设计一个程序，从键盘上任意输入五个数，按从小到大的顺序输出这五个数并画流程图。

4. 设计一个程序，从键盘上输入一个年份，判别此年份是否闰年(闰年的条件是符合下面二者之一：① 能被 4 整除，但不能被 100 整除；② 能被 4 整除，又能被 400 整除)，同时要求画流程图。

5. 从键盘上任意输入一个不多于 5 位的正整数。设计一个程序完成下列要求：求出此正整数是几位数；输出它的每一位数；逆序输出该数，如原数为 956，应输出 659。同时要求画流程图。

6. 从键盘上任意输入 a、b、c 的值，编程求 $ax^2 + bx + c = 0$ 方程的解(提示：首先要判断 a 是否为 0，其次要判断 $b^2 - 4ac$ 大于 0、等于 0 和小于 0 的情况)。

7. 企业每月发放的奖金是根据当月完成的利润提成发放的。(设变量 j 代表奖金，p 代表利润)。

① 当 $p \leqslant 10$ 万元时，奖金可提 10%；

② 当 10 万元 $< p \leqslant 20$ 万元时，奖金由两部分组成，低于等于 10 万元的部分按 10% 提成，高于 10 万元的部分按 7.5% 提成；

③ 当 20 万元 $< p \leqslant 40$ 万元时，低于等于 20 万元的部分按上述方法提成(下同)，高于 20 万元的部分按 5% 提成；

④ 当 40 万元 $< p \leqslant 60$ 万元时，高于 40 万元的部分按 3% 提成；

⑤ 当 $p > 60$ 万元时，超过 60 万元的部分按 1% 提成。

从键盘输入当月利润，求应发的奖金总数(分别用 if 语句和 switch 语句来实现)，同时要求画流程图。

项目六　循环结构程序设计

【知识目标】

◆ 了解 goto 语句的功能及执行过程。

◆ 掌握 while 语句的功能及执行过程。

◆ 掌握 do-while 语句的功能及执行过程。

◆ 掌握 for 语句的功能及执行过程。

◆ 掌握 continue 语句和 break 语句的功能及应用。

【能力目标】

◆ 正确使用循环语句设计程序。

【引例】

编程求 $s = 1! + 2! + 3! + \cdots + 10!$ 的值。

任务 1　goto 语句

goto 语句是无条件转向语句，goto 之后是程序入口标号，即转向该标号的程序段运行。

一、基础知识

1. goto 语句的格式

　　goto 语句标号；

其中语句标号是以字母开头的按标识符规定书写的符号，如 goto L1、goto lt 等。

2. goto 语句的功能

无条件转到标号处执行，也称为无条件转向语句。

二、基本应用

通过例题掌握 goto 语句的表现形式和执行过程。

【例 6-1】　现在有 10 位同学的身高分别为 1.65，1.78，1.61，1.87，1.68，1.79，1.63，1.81，1.77，1.66，编程求其中的最大值。

分析：预置变量法。基本原理是假设最大数是 max，先取其中一个数赋给 max，然后将剩下的数逐个拿来与 max 比较，每次比较将大数赋给 max 即可。

方法一：用 if 语句编程。

程序代码：

```
#include<stdio.h>
int main( )
{   float max,a,b,c,d,e,f,g,h,i,j;
    scanf("%f%f%f%f%f%f%f%f%f%f",&a,&b,&c,&d,&e,&f,&g,&h,&i,&j);
    max=a;
    if(max<b) max=b;
    if(max<c) max=c;
    if(max<d) max=d;
    if(max<e) max=e;
    if(max<f) max=f;
    if(max<g) max=g;
    if(max<h) max=h;
    if(max<i) max=i;
    if(max<j) max=j;
    printf("max=%5.2f\n",max);
    return 0;
}                                       //请绘制流程图
```

方法二： 用 goto 编程。

程序代码：

```
#include 0;
int main( )
{   float max, x; int n=0;
    scanf("%f",&x);
    max=x;
l1:
    scanf("%f",&x);
    n=n+1;
    if (max<x) max=x;
    if (n<9) goto l1;
    printf("max=%5.2f\n",max);
    return 0;
}                                       //请绘制流程图
```

程序运行结果如图 6-1 所示。

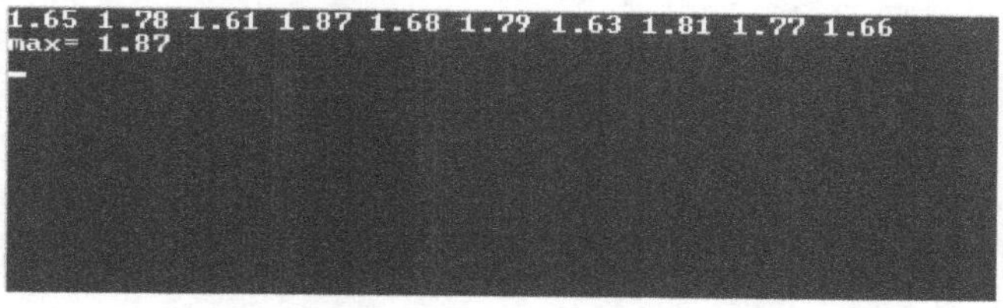

图 6-1　例 6-1 方法二程序运行结果

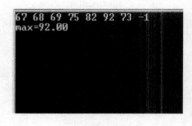

即时通

(1) 建议首先请 10 个同学出来进行模拟，让同学们直观了解实现原理，仔细分析算法实现过程，用数学建模思想和技术解决问题，建立仿真模型(程序)。

(2) 该题可以改为已知 10 个数，求其中的最大值，请编程。

(3) if-goto 组成循环，n 是循环控制变量(n 是统计作用)。

(4) 比较方法一与方法二发现，方法一中 if 语句重复量大。

【例 6-2】　已知有 n 个同学的"计算机应用基础"课考试成绩，找出其中最好的一个成绩。

分析：题目中没有提供数据的具体个数，在这种情况下设计程序要使用"终止标志"。假设 max 表示最大值，x 表示成绩。

程序代码：

```
#include<stdio.h>
int main( )
{
    float max,x;
    scanf("%f",&x);
    max=x;
    lt:
     scanf("%f",&x);
     if (x==-1) goto l2;
     if (max<x) max=x;
     goto lt;
    l2:
     printf("max=%4.2f",max);
    return 0;}                    //请绘制流程图
```

程序运行结果如图 6-2 所示。

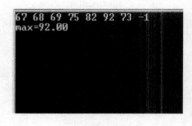

图 6-2　例 6-2 程序运行结果

即时通

(1) "终止标志"是人为设计的可以使程序正确运行结束的控制标志，"终止标志"值一般取"–1"或"999"，它不能参加运算，否则，会影响程序结果。

(2) goto 语句的流程图是一条有向线段。

(3) goto 语句形成的循环程序可读性差，因此，编程时应少用或不用。

任务 2　while 语句

while 语句是在 goto 语句的基础上改变生成的循环语句，其语句形式简单，解决了 goto

语句形成的循环程序可读性差的缺点。

一、基础知识

1. while 语句的格式

while (表达式)语句

2. 功能

判断选择执行。当表达式为非 0 值(真)时，执行语句部分，语句部分可以是单独一条语句，也可以是复合语句；否则，跳出循环顺序执行。while 语句流程图如图 6-3 所示。

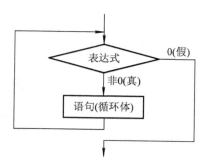

图 6-3　while 语句流程图

二、基本应用

通过例题掌握 while()的执行过程。

【例6-3】　求 1～100 的累加和。程序流程图如图 6-4 所示。

程序代码：

```c
#include <stdio.h>
#include <conio.h>
int main( )
{
    int sum=0;          /* sum 是存储累加和的变量，其初值为 0 */
    int i=1;            /* i 既是控制执行循环次数的循环变量，又是累加数*/
    while (i<=100)
    {
        sum=sum+i;
        i++;
    }
    printf("sum=%d\n", sum);
    return 0;
}
```

程序运行结果如图 6-5 所示。

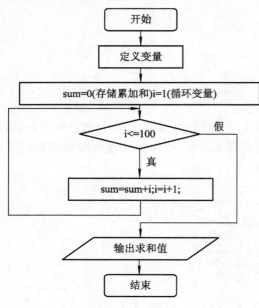

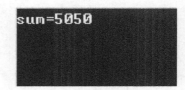

图 6-4　例 6-3 程序流程图　　　　　　图 6-5　例 6-3 程序运行结果

即时通

请思考：如果 i++ 语句放在 sum=sum+i 之前，程序应如何修改。

【例 6-4】　求 1～20 之间整数的累乘积。程序流程图如图 6-6 所示。
程序代码：

```c
#include <stdio.h>
#include <conio.h>
int main( )
{
    float sum=1;                /* sum 是存储累加和的变量，其初值为 1 */
    int i=1;                    /* i 既是控制执行循环次数的循环变量，又是累乘数*/
    while(i<=20)
    {
        sum=sum*i;
        i++;
    }
    printf("sum=%f\n",sum);
    return 0;
}
```

程序运行结果如图 6-7 所示。

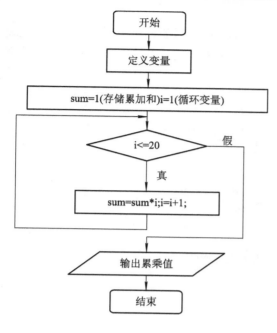

图 6-6　例 6-4 程序流程图　　　　　图 6-7　例 6-4 程序运行结果

即时通

(1) 从例题中发现，在 while 结构之前一般应有循环变量赋初值。

(2) 循环条件通常是由循环变量控制，在循环体内部应有循环变量变化的语句，通称为循环变量增量(增量可以是正增量，也可以是负增量)，循环变量语句的位置与 while(表达式)中表达式的表示有关。

(3) while 之中的表达式一般不可缺省，如表达式的值永恒为非 0 值(如 while(1))，即表示循环条件永远成立，即无限循环。

(4) while 形成的循环是先判断后执行循环体，因此，有可能循环体一次都不执行。

任务 3　do-while 语句

do-while 语句不管循环条件是否成立，至少要执行循环体一次，再去判断循环条件。

一、基础知识

1. do-while 语句格式

```
do
    循环体语句
while(表达式);
```

2. 功能

执行判断。先执行一次循环体语句，再判断 while 之后的表达式后选择执行，如表达式的值非 0(真)时，返回重新执行循环体语句，直到表达式的值等于 0(假)时循环结束。do-while 语句流程图如图 6-8 所示。

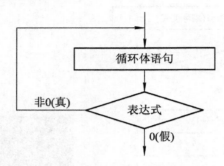

图 6-8　do-while 语句流程图

二、基本应用

通过例题掌握 do-while()的执行过程。

【例 6-5】 用 do-while 语句实现求 1～100 之间整数的累加和。程序流程图如图 6-9 所示。

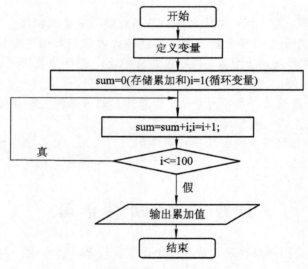

图 6-9　例 6-5 程序流程图

程序代码：

```c
#include <stdio.h>
#include <conio.h>
int main( )
{
```

```
    int sum=0;          /*sum 是存储累加和的变量，其初值为 0*/
    int i=1;            /*i 既是控制执行循环次数的循环变量，又是累加数*/
    do
    {
        sum=sum+i;
        i++;}
    while (i<=100);
    printf("sum=%d\n",sum);
    return 0;
}
```

图 6-10　例 6-5 程序运行结果

程序运行结果如图 6-10 所示。

【例 6-6】　用 do-while 语句实现求 1～20 之间整数的累乘积。

程序代码：

```
#include <stdio.h>
#include <conio.h>
int main( )
{
    float sum=1;        /*sum 是存储累乘积的变量，其初值为 1*/
    int i=1;            /*i 既是控制执行循环次数的循环变量，又是累乘数*/
    do
    {
        sum=sum*i;
        i++;}
    while(i<=20);
    printf("sum=%f\n",sum);
    return 0;
}
```

图 6-11　例 6-6 程序运行结果

程序运行结果如图 6-11 所示。

即时通

do-while 语句不管循环条件是否成立，至少要执行循环体一次，再去判断循环条件。与 while 语句相比较，while 语句可能一次循环体都不执行就退出循环结构。因此 do-while 语句可以完全由 while 语句替换，反之则不一定。

任务 4　for 语句

for()实际上是 while()和 do-while 的简化形式，for()与 while()可以相互转化改写。

一、基础知识

1. for 语句

(1) 一般格式:

```
for(表达式 1; 表达式 2; 表达式 3)
{
        循环体语句
}
```

特殊形式:

```
for(循环变量初值; 循环条件; 循环变量增量)
{
        循环体语句
}
```

(2) 功能: 控制循环体(程序段)执行的次数(计数作用)。执行过程: 先求解表达式 1, 再求解表达式 2, 如表达式 2 的值为真(非 0 值), 执行循环体语句部分, 然后求解表达式 3, 之后判断表达式 2 的值, 如为真(非 0 值)则继续执行循环体, 如为假(0 值)则退出循环体结构。for 语句流程图如图 6-12、图 6-13 所示。

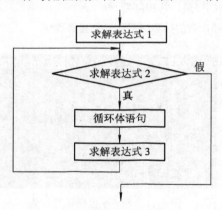
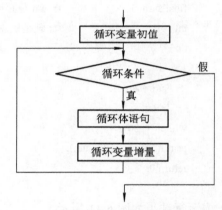

图 6-12　for 语句一般形式流程图　　　　图 6-13　for 语句特殊形式流程图

即时通

(1) 表达式 1 可以省略, 但如果表达式 1 是给循环变量赋初值, 在 for 语句之前必须定义方可省略。

(2) 表达式 2 可以省略, 但循环体结构进入死循环。

(3) 表达式 3 可以省略, 但如果表达式 3 是循环变量增量, 则在循环体语句中必须定义方可省略。

(4) for 语句中的分号不能省略。

(5) 表达式 1、表达式 3 中可以有与循环变量无关的其他表达式。

(6) for(; ;)是一种特殊情况, 相当于 while(1)。

【例 6-7】 用 for 语句完成 1～100 之间整数的累加和计算。

程序代码：

格式一

```
#include <stdio.h>
#include <conio.h>
int main( )
{
    int sum=0;
    int i;
    for(i=1;i<=100;i++)
    sum=sum+i;
    printf("sum=%d\n",sum);
    return 0;
}
```

格式二

```
#include <stdio.h>
#include <conio.h>
int main( )
{
    int sum=0;
    int i;
    i=1;
    for(;i<=100;) /*while(i<=100)*/
    {   sum=sum+i;
            i++;}
    printf("sum=%d\n",sum);
    return 0;
}
```

即时通

(1) 省略表达式 1、表达式 3 的 for 语句与 while 语句一样，因此 for 语句与 while 语句完全可以互换。

(2) 请绘制流程图。

2. for 语句的书写形式

(1) for 语句的一般形式中表达式 1 可以省略，但必须在 for 语句之前给循环变量赋值。例如：

```
i=1;
for(; i<=15; i++);    /*注意其中 for 的分号不能省略*/
```

(2) 表达式 2 省略，循环无终止条件，也可认为表达式 2 恒为真。例如：

```
for(i=1; ; i++)sum=sum+1;        形成无限循环。
```

或

```
while(1)
{sum=sum+1; i++;}
```

(3) 省略表达式 3，但在循环体中设循环变量的变化。例如：

```
for(j=1; j<=100;)
{
    sum=sum+j;
    j++;
}
```

(4) 可以省略表达式 1、表达式 3，只给循环条件，实际为 while 语句。

```
for(; i<=100; )
{   sum=sum+i ;
        i ++;}
```

相当于

```
while(i<=100)
{   sum=sum+i;
      i++;}
```

(5) 三个表达式都没有的情况。

for(; ;)语句相当 while(1)语句。

(6) 表达式 1 处可设置其他初值表达式，表达式 3 也可以设置为与控制变量无关的表达式，表达式 1 和表达式 3 可以为逗号表达式，例如：

```
for(j=1, t=1; j<=i; j++)
```

(7) 表达式 1 和表达式 3 省略时 for 语句与 while 语句可以互换。

二、基本应用

通过例题掌握 for()语句的执行过程和应用。

【例 6-8】 判断数 m 是否是素数。

分析：素数的定义是除了能被 1 或自身整除外，不能被其他任何数整除的数。假设有一个变量 n，n∈(2，m−1)。用 m 去整除 n，如果所有余数都是非零值(有余数说明 m 不能被 n 整除)，则 m 是素数。程序流程图如图 6-14 所示。

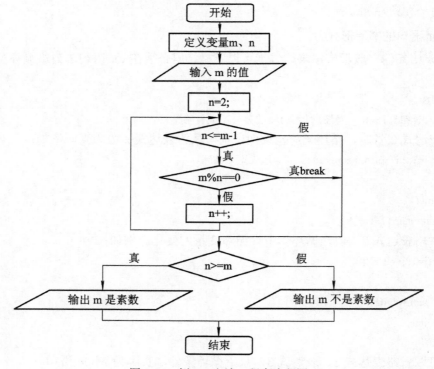

图 6-14　例 6-8 方法二程序流程图

方法一：用 goto 语句实现程序控制。

程序代码：

```
#include<stdio.h>
int main( )
{
    int m,n;
    scanf("%d",&m);
    for(n=2;n<=m-1;n++)
    if(m%n==0) goto k1;
    printf("%d    yes",m);
    goto k2;
k1:
    printf("%d no",m);
k2:
    return 0;
}
```

方法二：用 if 实现程序控制。

程序代码：

```
#include <stdio.h>
#include <conio.h>
int main( )
{
    int m,n;
    scanf("%d",&m);
    for(n=2;n<=m-1;n++)
    if(m%n==0) break;
    if(n>=m) printf("%d is a prime number!\n",m);
    else printf("%d is not a prime number!\n",m);
    return 0;
}
```

程序运行结果如图 6-15 所示。

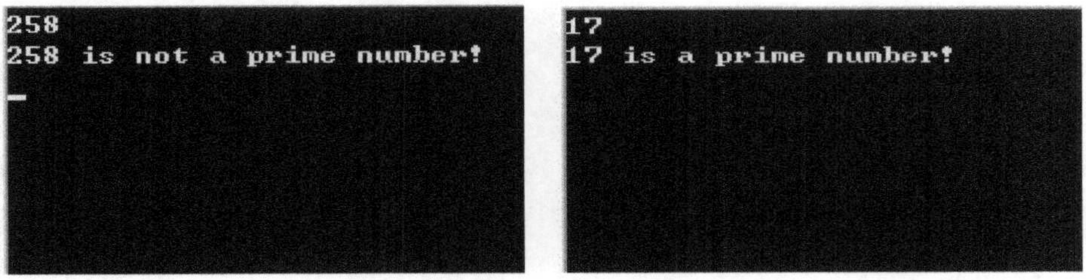

图 6-15　例 6-8 方法二程序运行结果

即时通

该题说明程序是解决问题的仿真，它体现了过程化的特点。

【例6-9】 求 1～100 之间的偶(奇)数之和。

方法一：首先用 for 产生 1～50 之间的整数，然后再产生偶数，最后将偶数进行累加求和。

程序代码：

```c
#include <stdio.h>
#include <conio.h>
int main( )
{
    int m, sum=0;
    for(m=1; m<=50; m=m+1)
    {
        x=2*m;
        sum=sum+x;
    }
    printf("sum=%d\n", sum);
    return 0;
}
```

程序运行结果如图 6-16 所示。

图 6-16　例 6-9 方法一程序运行结果

方法二：首先使用 for()产生偶数，然后将偶数进行累加求和。程序流程图如图 6-17 所示。

程序代码：

```c
#include <stdio.h>
#include <conio.h>
int main( )
{
    int  m, sum=0;
    for(m=0; m<=100; m=m+2)
        sum=sum+m;
    printf("sum=%d\n", sum);
```

```
        return 0;
    }
```

程序运行结果如图 6-18 所示。

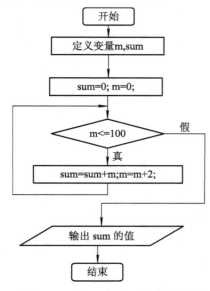

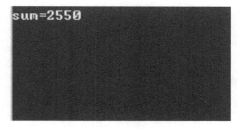

图 6-17　例 6-9 方法二程序流程图　　　　　图 6-18　例 6-9 方法二程序运行结果

【例 6-10】 阶乘算法。

(1) 求 10!。

方法一：直接相乘法(认知规律培养，仿真模型 1)。

程序代码：

```
#include<stdio.h>
int main( )
{
    double  m;
    m= 1*2*3*4*5*6*7*8*9*10;
    printf("%lf", m);
    return 0;
}
```

方法二：10! = 1*2*3*4*5*6*7*8*9*10，用 for 产生 1～10 之间的整数，用 t=t*x 来表示阶乘(仿真模型 2)。

程序代码：

```
#include<stdio.h>
int main( )
{
    double t=1.0;              //可以用 long t=1
    int  i;
```

```
    for(i=1; i<=10; i++)
        t=t*i;
    printf("%lf", t);
    return 0;
}
```

(2) 求 n!。

程序代码：

```
#include<stdio.h>
int main( )
{
    double t=1.0;                    //可以用 long t=1
    int  i;
    scanf("%d", &n);
    for(i=1; i<=n; i++)
    t=t*i;
    printf("%lf", t);
    return 0;
}
```

(3) 求 s = 1! + 2! + 3! + 4! + … + n! (假设 n 取 6)。

分析：可以用 for()产生 1 至 n 的值，用 t=t*x 计算项值，用 s=s+x 求和。

方法一：循环计数：循环只起到控制循环体执行次数的作用。

程序代码(仿真模型)：

```
#include <stdio.h>
#include <conio.h>
int main( )
{
    int i, j=0, t=1;
    int n=6;
    int s=0;
    for(i=1; i<=n; i++)
    {
        j=j+1;              /*产生 1~6*/
        t=t*j;              /*产生阶乘*/
        s=s+t;              /*阶乘求和*/
    }
    printf("s=%d\n",s);
    return 0;        //请绘制流程图
}
```

程序运行结果如图 6-19 所示。

图 6-19　例 6-10 (3)方法一程序运行结果

方法二：循环计数计算：循环控制循环体执行的次数，循环变量参加计算。

程序代码(仿真模型)：

```
#include<stdio.h>
int main( )
{
    int  i, t=1 ;
    int  n=6;
    int  s=0;
    for(i=1; i<=n; i++)          /* i 用于控制取值范围为 1～6 */
    {
        t=t*i;
        s=s+t;
    }
    printf("s=%d\n", s);
    return 0;
}                        //请绘制流程图
```

方法三：首先使用一个 for()产生 1～6 的整数，再用一个 for()控制阶乘计算。其流程图如图 6-20 所示。

程序代码(仿真模型)：

```
#include <stdio.h>
#include <conio.h>
int main( )
{
    int  i, j;
    int  n=6;
    int  s=0;
    int  t;
    for(i=1; i<=n; i++)          /* i 用于控制取值范围为 1～6 */
    {
        for(j=1, t=1; j<=i; j++)     /* j 用于控制乘数，因此 j∈(1, i) */
        t=t*j;
        s=s+t;
    }
    printf("s=%d\n", s);
    return 0;
}
```

程序运行结果如图 6-21 所示。

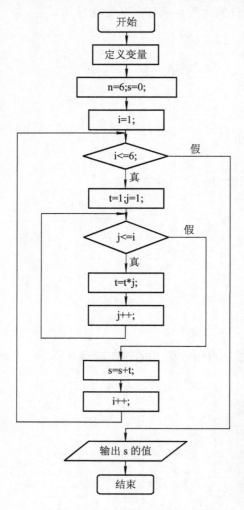

图 6-20　例 6-10(3)方法三流程图

图 6-21　例 6-10(3)方法三程序运行结果

即时通

(1) 循环的本质作用是计数，即控制程序段(循环体)执行的次数。

(2) 循环是对问题规律性的表示，是反复概念的应用。

(3) 在使用循环中，尽量使用循环变量的值。

(4) 循环的核心是选择(分支)语句，即所有循环程序都可以用 if 改写，反之，则不一定(这就体现循环语句的规律性)。

任务 5　多重循环(循环嵌套)

多重循环是循环语句的嵌套形式。

一、基础知识

在循环体中包含有循环语句的结构形式，while、do-while 和 for 可以相互嵌套，嵌套时一个循环是另一个循环的循环体，执行时按循环规律执行。

二、基本应用

通过例题掌握多重循环的执行过程，能够应用多重循环结构解决较为复杂的实际问题。

【例6-11】 编程输出九九乘法表。

方法一：输出九九乘法表。

程序代码(仿真模型)：

```
#include<stdio.h>
int main( )
{
    int   i,j ;
    for(i=1;i<=9;i++)
    {
        for(j=1;j<=9;j++)
            printf("%4d",i*j);
        printf("\n");
    }
    return 0;
}
```

程序运行结果如图 6-22 所示。

图 6-22　例 6-11 方法一程序运行结果

即时通

程序中 i、j 是两个循环，其中 j 循环是 i 循环的循环体，也称为外循环和内循环，在执行时外循环执行一次，内循环要执行一遍。

方法二：输出有表头的九九乘法表。

程序代码(仿真模型)：

```
#include<stdio.h>
int main( )
```

```
    {
        int   i,j ;
        printf("    *");
        for(i=1;i<=9;i++)
        printf("%4d",i);
        printf("\n");
        for(i=1;i<=9;i++)
        {
            printf("%4d",i);
            for(j=1;j<=9;j++)
            printf("%4d",i*j);
            printf("\n");
        }
        return 0;
    }
```
程序运行结果如图 6-23 所示。

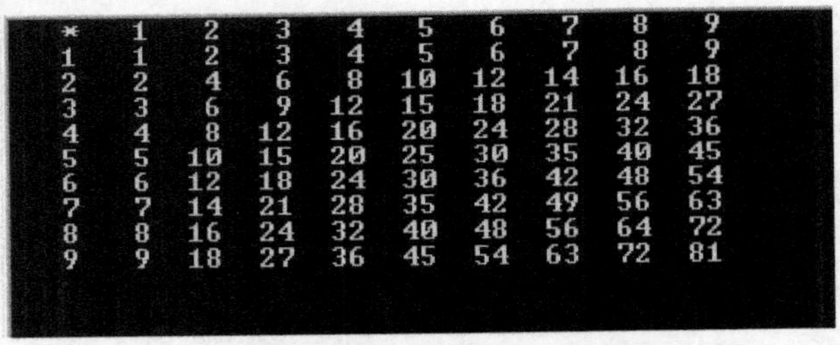

图 6-23　例 6-11 方法二程序运行结果

即时通

(1) 一般情况下，计算机是从上往下，从左到右显示，特别要仔细理解显示过程。

(2) 研讨：请编程输出九九乘法表的四种形式，即▷、▽、◣、◿。同时编程实现 "3×2=6" 的显示形式。

【例 6-12】　求 100～200 之间的所有素数。程序流程图如图 6-24 所示。

程序代码(仿真模型)：

```
    #include <stdio.h>
    #include <conio.h>
    int main( )
    {
        int m,n,t=0;
        for(m=101;m<200;m=m+2)
        {
            for(n=2;n<=m-1;n++)
```

```
            if(m%n==0)break;
            if(n>=m)
            {
                printf("%4d",m);
                    t=t+1;
            }
            if(t%10==0)printf("\n");
        }
        return 0;
    }
```

程序运行结果如图 6-25 所示。

开始
定义变量m、n、t
m=101
m<200
假
真
n=2
n<=m-1
假
真
m%n==0
真break
假
n++
n>=m
假
真
输出 m
t=t+1
t%10==0
假
真
输出换行
m=m+2
结束

图 6-24　例 6-12 程序流程图

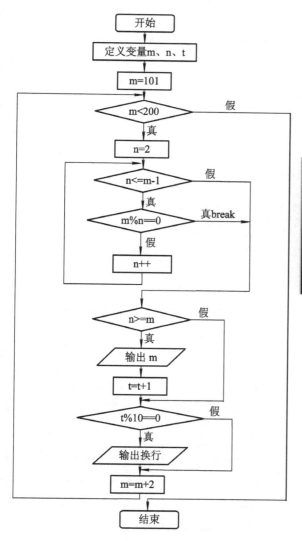

101 103 107 109 113 127 131 137 139 149
151 157 163 167 173 179 181 191 193 197
199

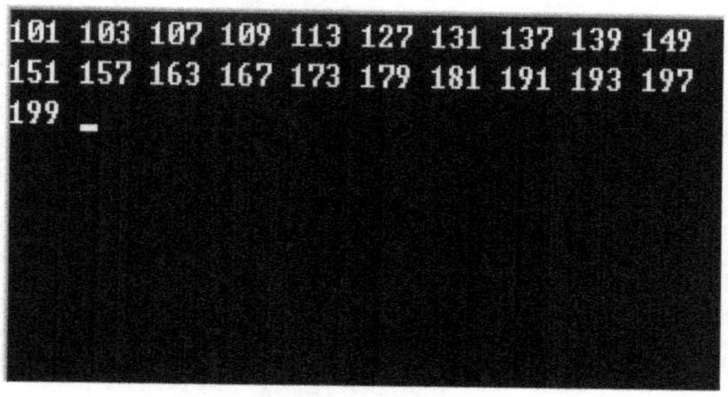

图 6-25　例 6-12 程序运行结果

研讨：

1. 求 1 个数是否素数；
2. 求连续区间中的素数；
3. 求任意 n 个数中的素数；
4. 对素数进行统计、求和、排序等计算。

任务 6　break 和 continue 语句

一、基础知识

break 语句存在于循环体中(switch 中)，它的作用是终止循环执行，转出循环继续。

continue 语句存在于循环体中，它的作用是结束本次循环(跳过一段程序)，进入下一次循环执行。

二、基本应用

通过例题掌握 break 和 continue 的作用。

【例 6-13】　编程输出 100～200 之间不能被 3 整除的数。

程序代码：

```
#include<stdio.h>
int main( )
{
    int m;
    for(m=100;m<=200;m++)
    {
        if(m%3==0) continue;
        printf("%6d",m);
    }
    return 0;
}
```

【例 6-14】　现有一个成绩表如下，要求设计一个菜单程序，完成功能如下：

① 输出姓名、总分；

② 输出学号、姓名、成绩、总分、名次；

③ 退出程序。

姓名	学号	性别	数学	英语	计算机	总分
张大山	10100107	男	76	92	87	
李良民	10100109	女	82	75	85	
王大鹏	10100123	男	75	82	95	
徐明明	10100132	男	88	76	65	
…	…	…	…	…	…	
合计						

程序代码：

```c
#include<stdio.h>
#include<windows.h>
int main( )
{   void set1( );                    /* set1()函数说明*/
    void set2( );                    /* set2()函数说明*/
    void set3( );                    /* set3()函数说明*/
    int i;
    system("cls");                   //清屏
    while(1)                         //无限循环
    {
        system("cls");               //清屏
        printf("**************************************************************");
        printf("\n\n\n");
        printf("                              主菜单");
        printf("\n\n\n");
        printf("                    1：  姓名、总分                \n\n");
        printf("                    2：  学号、姓名、成绩、总分、名次 \n\n");
        printf("                    3：  程序结束          \n\n\n\n\n");
        printf("**************************************************************");
        printf("\n 请输入数字 1-3 选择：");
        scanf("%d",&i);
        system("cls");                       //清屏
        switch(i)
        {
            case 1:set1();system("pause");continue
            case 2:set2();system("pause");continue;
            case 3:set3();system("pause");break;
            default :
            printf("**************************************************************");
            printf("\n\n\n\n\n\n\n");
            printf("                  输入错误，请重新输入数字 1-3 选择\n");
            printf("\n\n\n\n\n\n\n");
            printf("                      <按任意键返回主菜单>\n\n\n\n");
            printf("**************************************************************");
            system("cls");
            continue;
        }
        break;
```

```
        }
    return 0;
    }


    /*子程序*/
    void set1()
    {
        printf("完成显示姓名、总分成绩表的子程序");
    }
    void set2()
    {
        printf("完成显示学号、姓名、成绩、总分、名次成绩表的子程序");
    }
    void set3()
    {
        printf("完成程序结束信息的子程序");
    }
```

即时通

(1) 程序中 while 是形成无限循环，switch()实现菜单选择分别调用三个函数(子程序，见项目八)void set1()、void set3 和 void set3()来完成具体功能。

(2) 程序中只处理了数字的输入容错，没有处理其他的输入容错(读者自己编程解决)。

任务 7　四种循环的比较

四种循环的比较如下所述：

(1) goto、while、do-while、for()四种循环在一定条件下可以相互转换。

(2) 知道条件或未知条件下可以使用 while、do-while(采用终止标志)。

(3) 使用 while、do-while 循环时，循环变量初值在 while、do-while 之前完成，而 for()在表达式 1 中实现初值赋值。

(4) 在 while、do-while、for()使用 break 跳出循环，用 continue 结束本次循环，而 goto中不能使用 break、continue 语句。

小　　结

本项目以学习 goto、while、do-while、for 语句为中心，分别介绍语句的功能，重点要掌握语句的执行过程和应用，要正确理解几种循环语句之间以及与 if 语句之间的关系。

实 训 题

1. 求 $s = 1 + 3 + 5 + \cdots + 99$。

2. 求 $s = 1! + 2! + 3! + 4! + \cdots + 20!$。

3. 求 $s = 2^0 + 2^1 + 2^2 + 2^3 + 2^4 + 2^5 + \cdots + 2^{64}$。

4. 按下列式子的要求，编写程序计算

$$e = 1 + \frac{1}{1!} + \frac{1}{2!} + \frac{1}{3!} + \cdots + \frac{1}{n!}$$

使 e 的误差小于 10^{-5}。

5. 已知某班 55 个同学的"计算机应用基础"考试成绩，为了分析考试情况，编程统计各个分数段的人数。

6. 求所有的水仙花数。水仙花数是指一个三位数，其各位数字的立方和等于该数自身，如 $153 = 1^3 + 5^3 + 3^3$。

7. 设计一程序完成运行结果如下的九九乘法表。

```
*   1   2   3   4   5   6   7   8   9
1   1
2   2   4
3   3   6   9
4   4   8   12  16
5   5   10  15  20  25
6   6   12  18  24  30  36
7   7   14  21  28  35  42  49
8   8   16  24  32  40  48  56  64
9   9   18  27  36  45  54  63  72  81
```

8. 求自然数 1～500 之间的素数，并统计素数的个数。

9. 设计程序求 1000 之内的所有完数(若数 n 的所有小于 n 的正因数之和等于 n 本身，则数 n 为完数)，并按下面格式输出：

```
6 = 1 + 2 + 3
28 = 1 + 2 + 4 + 7 + 14
496 = 1 + 2 + 4 + 8 + 16 + 31 + 62 + 124 + 248
```

项目七　数　　组

【知识目标】

◆ 掌握数组的构成及其下标变化规律(关键)。

◆ 掌握一维数组的定义和应用。

◆ 掌握二维数组的定义和应用。

◆ 掌握字符数组的定义和应用。

◆ 掌握字符串函数。

【能力目标】

◆ 掌握正确定义数组(数据结构)。

◆ 掌握排序程序设计、表格处理程序设计。

【引例】

已知下列学生的成绩表，编程求总分和合计，并按总分高低顺序输出成绩表。

成 绩 表

姓名	学号	性别	数学	英语	计算机	总分	名次
张大山	10100107	男	76	92	87		
李良民	10100109	女	82	75	85		
王大鹏	10100123	男	75	82	95		
徐明明	10100132	男	88	76	65		
...	...	...	...	...	...		
合计							

任务 1　数组的概念

前面我们学习了简单数据结构(整型、实型、字符型)，用的都是简单变量表示(例如：a，b，x1 等)。在数学上带脚标的变量 x_1、x_2、…、x_n 和 x_{11}、x_{12}、x_{13}、…、x_{mn} 特性在 C 语言中又怎么表示呢？一方面可以用简单变量表示(x1，x12 等)，另一方面可以用下标变量表示(x[1]，x[1][2]等)，其下标值可以变化，这就是数组的特点。

从程序设计方面看，前面我们已经掌握了三个数的排序算法，然而，5 个数、10 个数、n 个数的排序算法又如何呢？显然在变量表示上遇到了一定的困难，数组是解决这个问题的方法之一。

即时通

数据结构是指数据的组成(整型数、实型数、字符数)形式或数据的组织形式(集合、表格数据)。在 C 语言中，数据需要变量去引用，变量的结构反映了数据结构(如：数组)，数据结构需要变量体现(如：结构体、指针)，变量与数据结构既有联系，又有区别。

数组形式上是变量的一种表示方式(即下标变量)，它将数学中的 x1 用 x[1]表示，x13 用 x[1][3]表示，在 C 语言中，a、b、c12 都是简单变量，x[1]和 x[1][3]称为下标变量。由于变量结构不同，应用也就不同。

数组是用具有相同名称不同下标来表示同一属性数据的变量集合，数组的实质是向系统申请连续的存储单元，所以，下标变量在定义时称为数组，在使用时称为下标变量(也称为数组的元素)。下标的个数称为维数，带有一个下标的数组称为一维数组，带有两个下标的数组称为二维数组，数组形式如下：

一维数组：数组名[下标]

二维数组：数组名[下标 1][下标 2]

下标可以是整型常量、变量、表达式和字符等。

任务 2 一 维 数 组

只有一个下标的数组称为一维数组。例如，int a[6]={63,73,75,65,82,60}，它定义了 a 数组有 a[0]、a[1]、a[2]、a[3]、a[4]、a[5]等六个下标变量(变量名相同，下标不同)，每个下标变量表示的值是整型，同时向计算机系统申请 6 个连续的存储单元，并将 6 个学生的数学考试成绩存于存储单元中，则 a[0]=63、a[1]=73、a[2]=75、a[3]=65、a[4]=82、a[5]=60，下标变量 a[0~5]与存储单元和数据之间的对应关系如图 7-1 所示。

a[0]	a[1]	a[2]	a[3]	a[4]	a[5]
63	73	75	65	82	60

图 7-1 下标变量 a[0~5]与存储单元和数据之间的对应关系

在使用时一定要联系对应的存储单元和数据，否则，就难以理解下标变量在程序中引用，因此，变量下标的变化是学习的关键。一维数组表示的几何意义是直线，即可以表示一组数据，这是一维数组的应用特点。

一、基础知识

数组的元素是下标变量，数组是下标变量的集合。数组形式上是一种变量结构形式，实际上它反映的是一种数据结构，处理的对象是一组数据。

1. 一维数组的格式

定义数组的一般形式：

数据类型 数组名 1[整型常量表达式 1]，数组各 2[整型常量表达式 2]，…

说明：

(1) 数据类型是指数组所有下标变量表示的数据类型。

(2) 数组名用标识符表示。

(3) 整型常量表达式规定了数组下标的上限，明确了数组下标变量的个数。

(4) 数组下标变量的区间 0～(n–1)，在实际应用中可以不用 0。

(5) 编译时数组申请连续的存储单元(数组名是首地址)，用来表示数组的下标变量，存储相应的数据。

例如：

```
int a[5], b[10];
float m[5], n[10];
```

2．一维数组的初始化

简单变量赋值的方式有定义时赋值、"="赋值和 scanf 赋值，一维数组的下标变量赋值仍然可以用这三种方式。一维数组初始化(下标变量赋初值)指的是数组定义时赋值的情况。

一维数组初始化的形式：

数组类型，数组名 1[整型常量表达式 1]={初值 1，初值 2，…}，数组名 2[整型常量表达式 2]={初值 1，初值 2，…}，…

(1) 数组下标变量个数与初值个数相同的情况下分别对应赋值，例如：int a[4]={1, 2, 3, 4}。

(2) 数组下标变量个数多于初值个数的情况下顺序赋值，不足的赋值为 0。例如：int b[4]={1,2}，此时 b[0]=1，b[1]=2，b[2]=0，b[3]=0。

(3) 数组下标变量初值都是 0 的情况下可以省略书写。例如：int x[100]={0}。

(4) 数组下标省略的情况下，初值个数确定数组的下标值。例如：int c[]={1, 5, 7};等价于 int c[3]={1, 5, 7};。

3．一维数组的引用

数组的引用，就是使用它的下标变量。首先要给数组的下标变量赋初值，通过下标变量去引用数据，下标变量的形式是：

数组名[下标表达式]

例如：a[2], b[3][2]。

【例 7-1】　现有 6 个学生的数学考试成绩分别为 63、73、75、65、82、60，使用数组求总分和平均分。

方法一：使用简单变量进行计算，用 a0～a5 表示成绩，s 表示总分，v 表示平均分。

程序代码：

```
#include<stdio.h>
int main( )
{    int  a0, a1, a2, a3, a4, a5, s;
     float v;
     scanf("%d%d%d%d%d%d", &a0, &a1, &a2, &a3, &a4, &a5);
     s= a0+a1+a2+a3+a4+a5;
```

```
        v=s/6.0;
        printf("%d\n", s);
        printf("%f\n", v);
        return 0;
    }
```

即时通

例 7-1 的方法一使用了简单变量编程，变量较多而麻烦，也可以用 a,b,c,d,e,f 表示。

方法二： 使用数组 a[6]进行编程。
程序代码：

```
    #include<stdio.h>
    int main( )
    {
        int a[6],  s;
        float v;
        scanf("%d%d%d%d%d%d", &a[0], &a[1], &a[2], &a[3], &a[4], &a[5]);
        s= a[0]+a[1] +a[2] +a[3] +a[4] +a[5];
        v=s/6.0;
        printf("%d\n", s);
        printf("%f\n", v);
        return 0;
    }
```

即时通

(1) 例 7-1 的方法二使用了数组编程，虽然直观，但书写仍然很麻烦，不利于大量数据的处理。

(2) 观察 scanf()函数和 s 表达式中数组 a 的下标变化规律，是从 0～5 连续的，根据下标变量的下标可以变化的特点，可以使用 for()语句来产生下标值，简化程序。

方法三： 使用数组 a 时，用 for()语句产生下标值。
程序代码：

```
    #include<stdio.h>
    int main()
    {
        int  a[6], i, s;
        float  v;
        s=0;
```

```
        for(i=0; i<6; i++)
        scanf("%d", &a[i]);
        for(i=0; i<6; i++)
        s=s+a[i];
        v=s/6.0;
        printf("s=%6d\n", s);
        printf("v=%6.2f\n", v);
        return 0;
    }
```

即时通

(1) 例 7-1 的方法三程序模块化：定义变量→输入数据→计算处理→输出结果。

(2) a[i]是形式上的变量，当 i 取值为 0 时，a[i]成为真正的下标变量 a[0]，输入的第一个数据存于 a[0]中保存下来；当 i 取值为 1 时，向 a[1]赋值，依此类推，直到 a[5]赋值结束。所以，理解时要联系 i 的变化以及 a[i]的变化和 a 数组的存储单元。

(3) 程序中 scanf 和 s 表达式中的 a[i]都是引用，scanf 中的 a[i]引用是给下标变量赋值，并保存在对应的存储单元中，而 s=s+a[i]是从存储单元中取值进行求和(s=s+a[i]是累加器)。

(4) 程序中的两个 for 语句完全相同，都是用于产生 0~5 的自然数，重复使用是为了实现模块化程序设计，即第一个 for 是实现输入数据，第二个 for 是求和。

(5) 一维数组一般使用单循环来产生下标。

方法四：对方法三程序进行修改，只用一个循环完成数据输入和求和。
程序代码：

```
    #include<stdio.h>
    int main( )
    {
        int  a[6], s, i;
        float  v;
        s=0;
        for(i=0; i<6; i++)
        {   scanf("%d", &a[i]);
            s=s+a[i];
        }
        v=s/6.0;
        printf("s=%d\n", s);
        printf("v=%6.2f\n", v);
        return 0;
    }
```

即时通

(1) 例 7-1 的方法四中的程序使用了复合结构，一边输入一边求和。

(2) 程序的模块化和清晰度差一些，因此，一般都使用模块化程序设计。

(3) 引用就是使用，数组下标变量的引用过程是：申请存储单元→变量赋初值(保存)→引用(取数)→运算处理。

在进行例 7-1 的程序设计中，我们按照人的认知规律，使用了方法一至方法四，通过比较，完成了从直观到抽象的编程认识过程。

二、基本应用

一维数组从形式上看是下标变量，由于下标的可变性、规律性，程序的执行过程相对有点抽象，由于数组的存储特性，使得编程可以实现模块化，一维数组主要用来表示和处理一组数据，使用数组时首先要将处理数据赋给数组。

【例 7-2】 已知 10 个学生的计算机基础考试成绩，用数组编程求其中的最大值。

程序代码：

```
#include<stdio.h>
int main( )
{
    int x[10], max, i;
    for(i=0; i<10; i++)
    scanf("%d", &x[i]);
    max=x[0];
    for(i=0; i<10; i++)
    if(max<x[i])max=x[i];
    printf("max=%d", max);
    return 0;
}
```

即时通

(1) 假设 10 个成绩是整数。

(2) 使用求最大值的算法，将其中的第一值赋给 max(max=a[0])，原则上 10 个数中的任何值均可。(思考：max 的初值取 0 或取处理数据之外的其他值可以吗？)

【例 7-3】 用数组处理求 Fibonacci 数列问题。

求斐波那契(Fibonacci)数列的前 20 个数。这组数列有如下特点：第 1、2 两个数为 1、1。从第 3 个数开始，该数是其前面两个数之和，即数学模型是

$$\begin{cases} F_1 = 1 & (n=1) \\ F_2 = 1 & (n=2) \\ F_n = F_{n-1} + F_{n-2} & (n \geqslant 3) \end{cases}$$

分析：

(1) 用简单变量处理时，缺点是不能在内存中保存这些数。假如想直接输出数列中的第 15 个数，是很困难的。

(2) 如果用数组处理，每一个数组元素代表数列中的一个数，依次求出各数并存放在相应的数组元素中。

程序代码：

```c
#include <stdio.h>
int main()
{
    int i;    int f[20]={1, 1};
    for(i=2; i<20; i++)
        f[i]=f[i-2]+f[i-1];
    for(i=0; i<20; i++)
    {
        if(i%5==0) printf("\n");
        printf("%12d", f[i]);
    }
    printf("\n");
    return 0;
}
```

程序运行结果如图 7-2 所示。

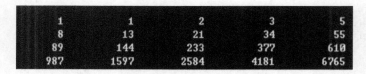

图 7-2　例 7-3 程序运行结果

【例 7-4】 冒泡排序法。

冒泡排序法又称为气泡法或起泡法。它源于水中的气泡，在产生时最小，随着上浮逐渐变大，大小是气泡相对位置比较得到的结果，气泡上浮变大，下沉变小(逆向思维)。基本原理是数据从头开始两两进行比较，大的往后移动，小的往前移动。

即时通

在进行冒泡排序讲授时，可以随机请出几位同学来做实验，让学生直观理解冒泡排序的过程，然后再进行程序仿真。冒泡排序法每趟选出的是最大数。

例如：有 6 个同学身高分别是 172 cm、181 cm、175 cm、168 cm、160 cm、178 cm，请用冒泡排序法编程，将它们从小到大排序输出。

排序过程分析：首先将 6 个数存于 a 数组中，结果如下：

a[0]	a[1]	a[2]	a[3]	a[4]	a[5]
172	181	175	168	160	178

第一趟：a[0] = 172 与 a[1] = 181 比较，不交换数据；a[1] = 181 与 a[2] = 175 比较，交换数据；a[2] = 181 与 a[3] = 168 比较，交换数据；a[3] = 181 与 a[4] = 160 比较，交换数据；a[4] = 181 与 a[5] = 178 比较，交换数据，最大数 181 移动到了最后，这一过程叫做完成了一趟比较，结果如下：

a[0]	a[1]	a[2]	a[3]	a[4]	a[5]
172	175	168	160	178	181

第二趟：a[0] = 172 与 a[1] = 175 比较，不交换数据；a[1] = 175 与 a[2] = 168 比较，交换数据；a[2] = 175 与 a[3] = 160 比较，交换数据；a[3] = 175 与 a[4] = 178 比较，不交换数据；a[4] = 178 与 a[5] = 181 比较，不交换数据，结果如下：

a[0]	a[1]	a[2]	a[3]	a[4]	a[5]
172	168	160	175	178	181

第三趟：a[0] = 172 与 a[1] = 168 比较，交换数据；a[1] = 172 与 a[2] = 160 比较，交换数据；a[2] = 172 与 a[3] = 175 比较，不交换数据；a[3] = 175 与 a[4] = 178 比较，不交换数据；a[4] = 178 与 a[5] = 181 比较，不交换数据，结果如下：

a[0]	a[1]	a[2]	a[3]	a[4]	a[5]
168	160	172	175	178	181

第四趟：a[0] = 168 与 a[1] = 160 比较，交换数据；a[1] = 168 与 a[2] = 172 比较，不交换数据；a[2] = 172 与 a[3] = 175 比较，不交换数据；a[3] = 175 与 a[4] = 178 比较，不交换数据；a[4] = 178 与 a[5] = 181 比较，不交换数据，结果如下：

a[0]	a[1]	a[2]	a[3]	a[4]	a[5]
160	168	172	175	178	181

第五趟：可以看出，数据比较不再交换数据，数据已经排序完成。

分析以上过程可知，n 个数据两两比较的次数是 n-1 次，数据比较的趟数最大是 n-1 趟。随着两两比较，次数可以逐渐减少，上题中 181 选出后可减少一次，178 选出后又可减一次，如何编程实现(见本例中方法二)，上题中比较 4 趟就可以了，比较趟数可以根据实际情况减少，程序可以优化(见本例中方法三)。那么，程序的关键是两两比较过程和趟数控制两个过程。第一是数据两两比较过程可以用 a[i] 与 a[i+1] 比较后进行数据交换处理。

程序代码：

```
for(i=0;i<6;i++)
if(a[i]>a[i+1]){ k=a[i];
                a[i]=a[i+1];
                a[i+1]=k;
              }
```

第二是比较趟数的控制，用 for 实现(for(i=0; i<5; i++))。

方法一： 按照冒泡排序方法的过程。

程序代码：

```
#include<stdio.h>
int main( )
{
    int a[6], k, i, j;
    for(i=0; i<6; i++)
    scanf("%d", &a[i]);
    for(i=0; i<5; i++)
     for(j=0; j<5; j++)
     if(a[j]>a[j+1]){k=a[j]; a[j]=a[j+1]; a[j+1]=k;}
    for(i=0; i<6; i++)
    printf("%5d", a[i]);
    printf("\n");
    return 0;
}                    //请绘制流程图
```

即时通

(1) 程序执行过程是：定义变量→输入数据→运算处理→输出结果。

(2) 算法的结果是从小到大排序。

(3) 只要修改 if 语句为 if(a[j]<a[j+1])就可实现从大到小排序。

(4) 该程序是基本应用程序，没有比较次数和比较趟数减少的控制。

方法二： 在冒泡排序中，两两比较的次数最大是 n − 1 次，由于每趟比较都选出一个大数，下次比较就可以减少一次，因此，随着比较趟数的增加，两两比较次数逐渐减少(控制比较次数)。

程序代码：

```
#include<stdio.h>
int main( )
{
    int a[6],k,i,j;
    for(i=0;i<6;i++)
    scanf("%d",&a[i]);
    for(i=0;i<5;i++)               //比较趟数控制
    for(j=0;j<5-i;j++)             //两两比较次数控制
        if(a[j]>a[j+1])
        {
```

```
                k=a[j];
                a[j]=a[j+1];
                a[j+1]=k;
            }
        for(i=0;i<6;i++)
        printf("%5d",a[i]);
        printf("\n");
        return 0;
    }
```

即时通

控制比较次数的语句是 for(j=0; j<5-i; j++)中的 5-i(下标)，原因是比较一趟后产生一个大数存于变量中，下一趟两两比较就可以少一次。

方法三：在冒泡排序中，两两比较的趟数最大是 n-1 趟，实际排序时有可能比较趟数减少，此时就可以结束比较。

程序代码：

```
#include<stdio.h>
int main( )
{
    int a[6],k,i,j,e;
    for(i=0;i<6;i++)
    scanf("%d",&a[i]);
    for(i=0;i<5;i++)
    {
        e=0;                //设置标识
        for(j=0;j<5-i;j++)
        if(a[j]>a[j+1])
        {
            e=1;            //改变标识
            k=a[j];
            a[j]=a[j+1];
            a[j+1]=k;
        }
        if(e==0) break;     //判断排序是否完成
    }
    for(i=0;i<6;i++)
    printf("%5d",a[i]);
    return 0;
}
```

即时通

程序中使用了标记语句 e=0，这是编程中常用的方法。当数据在两两比较中一直是 e=0 时，说明没有调数情况，数据已经排好序，程序通过语句 if(e==0) break 控制结束比较，完成比较趟数的控制。

【例 7-5】 选择排序法。

选择排序法也称为最小元素法。基本原理是将排序数据存于数组中，首先取出第一个数与剩下的所有数逐一进行比较选出最小的数并保存下来，然后取第二个数与剩下的所有数逐一进行比较选出最小的数并保存下来，取第三个数与剩下的所有数逐一进行比较选出最小的数并保存下来，取第 n−1 个数与剩下的最后一个数进行比较选出最小的数并保存下来，排序结束。

即时通

在进行选择排序讲授时，可以随机请出几位同学来做实验，让学生直观理解选择排序过程，然后再进行程序仿真。选择排序法是求最大数或最小数算法的推广应用，培养学生举一反三的能力。选择排序法每轮选出的是最小数。

例如：有 6 个同学身高 172 cm、181 cm、175 cm、168 cm、160 cm、178 cm，请用选择排序法编程将它们从小到大排序输出。

排序过程：首先，将 6 个数存于 a 数组中，结果如下：

a[0]	a[1]	a[2]	a[3]	a[4]	a[5]
172	181	175	168	160	178

第一轮：取 a[0] = 172 与 a[1] = 181 比较，不交换数据；a[0] = 172 与 a[2] = 175 比较，不交换数据；a[0] = 172 与 a[3] = 168 比较，交换数据；a[0] = 168 与 a[4] = 160 比较，交换数据；a[0] = 160 与 a[5] = 178 比较，不交换数据。第一轮比较结束，选出的最小数存于 a[0] = 160 中，结果如下：

a[0]	a[1]	a[2]	a[3]	a[4]	a[5]
160	181	175	172	168	178

第二轮：取 a[1] = 181 与 a[2] = 175 比较，交换数据；a[1] = 175 与 a[3] = 172 比较，交换数据；a[1] = 172 与 a[4] = 168 比较，交换数据；a[1] = 168 与 a[5] = 178 比较，不交换数据。第二轮比较结束，选出的最小数存于 a[1]=168 中，结果如下：

a[0]	a[1]	a[2]	a[3]	a[4]	a[5]
160	168	181	175	172	178

第三轮：取 a[2] = 181 与 a[3] = 175 比较，交换数据；a[2] = 175 与 a[4] = 172 比较，交换数据；a[2] = 172 与 a[5] = 178 比较，不交换数据。选出的最小数存于 a[2] = 172 中，结

果如下：

a[0]	a[1]	a[2]	a[3]	a[4]	a[5]
160	168	172	181	175	178

第四轮：取 a[3] = 181 与 a[4] = 175 比较，交换数据；a[3] = 175 与 a[5] = 178 比较，不交换数据。选出的最小数存在 a[3] = 175 中，结果如下：

a[0]	a[1]	a[2]	a[3]	a[4]	a[5]
160	168	172	175	181	178

第五轮：取 a[4] = 181 与 a[5] = 178 比较，交换数据，a[4] = 178，a[5] = 181，排序结束。结果如下：

a[0]	a[1]	a[2]	a[3]	a[4]	a[5]
160	168	172	175	178	181

排序过程有取数和拿数来比较两个关键过程，一是取数过程，取数是 n−1 次，比较 n−1 轮(比较一轮得到一个小数)。二是拿数比较的过程，比较次数逐渐减少，即第一个数比较 5 次，第二个比较 4 次，第三个数比较 3 次，以此类推，假设用 i 表示取数过程，用 j 表示拿数过程，则排序程序段是：

```
for(i=0;i<5;i++)
    for(j=i+1;j<6;j++)
        if(a[i]>a[j]) {调数}
```

算法实现如下：

```
#include<stdio.h>
int main( )
{
    int a[6],k,i,j;
    for(i=0;i<6;i++)
    scanf("%d",&a[i]);
    for(i=0;i<5;i++)
        for(j=i+1;j<6;j++)            //注意 i，j 之间的关系
            if(a[i]>a[j])
            {
                k=a[i];
                a[i]=a[j];
                a[j]=k;
            }
    for(i=0;i<6;i++)
        printf("%5d",a[i]);
    return 0;
}                                     //请绘制流程图
```

即时通

(1) 程序排序结果从小到大。

(2) 程序的核心是双重循环，外循环实现取数过程，内循环实现拿数过程。

(3) 要实现从大到小排序，将 if 修改为 if(a[i]<a[j])即可。

任务 3　二 维 数 组

只有两个下标的数组称为二维数组。例如：int b[3][4]，即定义 b 数组有 b[0][0]、b[0][1]、b[0][2]、b[0][3]、b[1][0]、b[1][1]、b[1][2]、b[1][3]、b[2][0]、b[2][1]、b[2][2]、b[2][3]等 12 个下标变量，各个下标变量表示的值是整型，同时向计算机系统申请 12 个连续的存储单元存储数据，如图 7-3 所示。

a[0][0]	a[0][1]	a[0][2]	a[0][3]	a[1][0]	a[1][1]	a[1][2]	a[1][3]	a[2][0]	a[2][1]	a[2][2]	a[2][3]

图 7-3　12 个连续的存储单元

12 个下标变量表示数据的一般形式如下：

$$b[0][0]\quad b[0][1]\quad b[0][2]\quad b[0][3]$$
$$b[1][0]\quad b[1][1]\quad b[1][2]\quad b[1][3]$$
$$b[2][0]\quad b[2][1]\quad b[2][2]\quad b[2][3]$$

可见，变量的下标有明显的行、列变化规律。

例如，表 7-1 中有 3 个学生的计算机基础、语文、英语和哲学考试成绩，请用二维数组 b[3][4]进行表示。

表 7-1　3 个学生的考试成绩

姓名	计算机基础	语文	英语	哲学
张红	67	87	68	62
谢维顺	83	78	78	67
陶大勇	76	69	91	68

表 7-1 中的成绩可以表示为 3 行 4 列的形式：

$$67\quad 87\quad 68\quad 62$$
$$83\quad 78\quad 78\quad 67$$
$$76\quad 69\quad 91\quad 68$$

用 b 数组表示为：

$$b[0][0]=67、b[0][1]=87、b[0][2]=68、b[0][3]=62$$
$$b[1][0]=83、b[1][1]=78、b[1][2]=78、b[1][3]=67$$
$$b[2][0]=76、b[2][1]=69、b[2][2]=91、b[2][3]=68$$

表示的数据形式有行有列，因此，二维数组的第一个下标称为行下标，第二个下标称为列下标，二维数组可以表示一张二维表中的数据，二维数组表示的几何意义是平面。

一、基础知识

数组的元素是下标变量，数组是下标变量的集合。二维数组形式上也是一种变量结构形式，实际上它反映(表示)的是一种数据结构。

1．二维数组的格式

二维数组定义的一般格式如下：

　　　数据类型　数组名 1[行下标 1][列下标 1]，数组名 2[行下标 2][列下标 2]，……

说明：

(1) 数组类型指数组所有下标变量表示的数据类型。

(2) 数组名用标识符表示。

(3) 行、列下标规定了数组下标的上界，明确了数组下标变量的个数为行与列的乘积。

(4) 数组下标变量的行、列下标从 0 开始，在实际应用中可以不用 0。

(5) 编译时数组申请连续的存储单元，用来表示数组的下标变量，存储相应的数据。

例如：int a[3][4]。

2．二维数组的引用

二维数组的引用，就是使用二维数组的下标变量，数组下标变量的形式：

　　　数组名[行下标表达式][列下标表达式]

【例 7-6】 学生成绩如表 7-2 所示，使用二维数组编程输入输出表中的成绩。

表 7-2　例 7-6 学生成绩表

姓名	学号	性别	数学	英语	计算机	总分	名次
张大山	10100107	男	76	92	87		
李良民	10100109	女	82	75	85		
王大鹏	10100123	男	75	82	95		
徐明明	10100132	男	88	76	65		
⋮	⋮	⋮	⋮	⋮	⋮		
合计							

根据要求，我们可以将成绩表中的数据取出来表示如下：

$$\begin{bmatrix} 76 & 92 & 87 \\ 82 & 75 & 85 \\ 75 & 82 & 95 \\ 88 & 76 & 65 \end{bmatrix}$$

可见，可以用 a[4][3]表示数据。

程序代码：

```
#include<stdio.h>
int main( )
```

```
{    int a[4][3],i,j;
     for (i=0;i<4;i++)
        for (j=0;j<3;j++)
        scanf("%d",&a[i][j]);
     for (i=0;i<4;i++)
     { for (j=0;j<3;j++)
       printf("%4d",a[i][j]);
       printf("\n");}
     return 0;
}
```

即时通

(1) scanf()是将数据按行列顺序输入到 a 数组中保存起来。

(2) printf()是将 a 数组中的数据按行列顺序输出。

(3) scanf()和 printf()中的 a[i][j]就是引用。

(4) 二维数组在使用中要用到双重循环，外循环产生行下标，内循环产生列下标。

(5) 二维下标变量的下标表示数据所在行、列的位置，学习二维数组时要联系表格(二维表)和对应的变量，就像 excel 中单元格与名称框(变量)的关系一样。

3．二维数组的初始化

二维数组初始化就是在定义数组时给下标变量赋值的过程。

二维数组初始化的形式为：

　　数据类型　数据名[整型常量表达式 1][整型常量表达式 2]={{第一行初始化数据}，{第二行初始化数据}，……}

初始化定义的形式介绍如下：

(1) 分行进行初始化，数据个数与下标变量个数相等。例如：

　　int a[2][3] = {{1, 3, 5}, {2, 4, 6}};

(2) 不分行初始化。例如：

　　int a[2][3]={1, 3, 5, 2, 4, 6};

(3) 部分下标变量初始化，其余赋值为 0。例如：

　　int a[2][3] = {{1, 3}, {6}};

按顺序赋值，a[0][0]=1，a[0][1]=3，a[1][0]=6，其他变量初值为 0。例如：

　　int a[2][3]={1, 3, 5};

按顺序赋值：a[0][0]=1，a[0][1]=3，a[0][2]=5，其他变量初值为 0。

(4) 省略下标初始化，但只允许省略行下标，不能省略列下标，初始化数据要完整。例如：

　　int a[][3]={1, 3, 5, 2, 4, 6};

执行后确定行下标上限为 2。

二、基本应用

与一维数组相似，二维数组从形式上看仍然是下标变量，由于行、列下标的可变性、规律性，程序的执行过程相对较为抽象，由于数组的存储特性，使得编程可以实现模块化，由于二维数组的结构特征，二维数组主要用于处理二维表。

1. 基本的输入输出

【例 7-7】 设计一个程序，按下列形式输出例 7-6 中的成绩。

76	92	87
82	75	85
75	82	95
88	76	65

分析解决方案：

(1) 用简单变量编程(自己编程)。

(2) 直接用 printf 编程(自己编程)。

(3) 用一维数组编程(自己编程)。

(4) 用二维数组编程。

在给变量赋值时又有三种方法，即定义时赋值、"="赋值、scanf()赋值。下面介绍用二维数组设计程序的情况。

方法一：在数组定义时给变量赋值。

程序代码：

```
#include<stdio.h>
int main( )
{    int b[4][3]={{76,92,87},{82,75,85},{75,82,95},{88,76,65}};
     int i,j;
     for(i=0;i<4;i++)
     {
         for(j=0;j<3;j++)
         printf("%5d",b[i][j]);
         printf("\n");
     }
     return 0;
}
```

方法二：用赋值语句给变量赋值。

程序代码：

```
#include<stdio.h>
int main( )
{
     int a[4][3],i,j;
```

```
a[0][0]=76;a[0][1]=92;a[0][2]=87;a[1][0]=82;a[1][1]=75;
a[1][2]=85;a[2][0]=75;a[2][1]=82;a[2][2]=95 ;a[3][0]=88;
a[3][1]=76; a[3][2]=65;
for(i=0;i<4;i++)
{
    for(j=0;j<3;j++)
    printf("%5d",a[i][j]);
    printf("\n");
}
return 0;
}
```

方法三：用 scanf()给变量赋值。

程序代码：

```
#include<stdio.h>
int main( )
{
    int a[4][3],i,j;
    for(i=0;i<4;i++)
    for(j=0;j<3;j++)
    scanf("%d",&a[i][j]);
    for(i=0;i<4;i++)
    {
        for(j=0;j<3;j++)
        printf("%5d",a[i][j]);
        printf("\n");
    }
    return 0;
}
```

程序运行结果如图 7-4 所示。

图 7-4　例 7-7 方法三程序运行结果

2．基本运算

【例 7-8】　有以下两组(矩阵)数据 a、b，求两组(矩阵)数据对应数之和并输出。

$$a = \begin{bmatrix} 4 & 7 & 8 \\ 6 & 5 & 4 \end{bmatrix} \qquad b = \begin{bmatrix} 13 & 11 & 15 \\ 14 & 17 & 12 \end{bmatrix}$$

分析：首先进行变量的规划设计，a[2][3]表示 a 矩阵数据，b[2][3]表示 b 矩阵数据，求 c[2][3]。

程序代码：

```
#include<stdio.h>
int main( )
{
    int a[2][3],b[2][3],c[2][3],i,j;
    for(i=0;i<2;i++)
    for(j=0;j<3;j++)
    scanf("%d",&a[i][j]);
    for(i=0;i<2;i++)
    for(j=0;j<3;j++)
    scanf("%d",&b[i][j]);
    for(i=0;i<2;i++)
    for(j=0;j<3;j++)
    c[i][j]=a[i][j]+b[i][j];
    for(i=0;i<2;i++)
    {
        for(j=0;j<3;j++)
        printf("%5d",c[i][j]);
        printf("\n");
    }                     //请绘制流程图
    return 0;
}
```

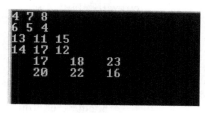

图 7-5 例 7-8 程序运行结果

程序运行结果如图 7-5 所示。

3．表格处理

表格处理是二维数组的典型应用，下面举例说明。

【例 7-9】 将例 7-6 中的学生成绩表简化如表 7-3 所示，求总分并输出。

表 7-3 学 生 成 绩 表

学号	数学	英语	计算机	总分
107	76	92	87	
109	82	75	85	
123	75	82	95	
132	88	76	65	
合计				

分析：

(1) 变量规划：a[4]表示学号；b[4][3]表示成绩；c[4]表示总分。

(2) 程序分三步进行讨论：

① 计算总分并输出表中数据和总分；

② 按总分高低排序输出表中数据；

③ 输出表格及数据。

方法一：使用二维数组计算成绩总分并输出各科成绩和总分。

程序代码：

```
#include<stdio.h>
int main( )
{
    int a[4],b[4][3],c[4]={0},i,j;
    for (i=0;i<4;i++)
     scanf("%d",&a[i]);                    /*输入学号*/
    for(i=0;i<4;i++)
     for(j=0;j<3;j++)
       scanf("%d",&b[i][j]);               /*输入成绩*/
    for(i=0;i<4;i++)
    for(j=0;j<3;j++)
    c[i]=c[i]+b[i][j];                     /*成绩求和*/
    for (i=0;i<4;i++)
    {
        printf("%5d",a[i]);
        for(j=0;j<3;j++)                   /*输出*/
          printf("%5d",b[i][j]);
          printf("%5d",c[i]);
          printf("\n");}
    return 0;
}                                         //请绘制流程图
```

程序运行结果如图 7-6 所示。

```
107 109 123 132
76 92 87
82 75 85
75 82 95
88 76 65
  107   76   92   87  255
  109   82   75   85  242
  123   75   82   95  252
  132   88   76   65  229
```

图 7-6　例 7-9 方法一程序运行结果

方法二：使用二维数组计算成绩总分并按总分高低排序输出各科成绩和总分。

分析：与例 7-9 方法一比较，其中输入数据、计算(求和)和输出程序不变，增加以总分进行排序程序段。按总分排序程序段(冒泡排序法)为：

```
for(i=0;i<3;i++)
for(j=0;j<3;j++)
if(c[j]<c[j+1]){k=c[j]; c[j]=c[j+1]; c[j+1]=k;
                k=a[j]; a[j]=a[j+1]; c[j+1]=k;
                k=b[j][0]; b[j][0]= b[j+1][0]; b[j+1][0]=k;
                k=b[j][1]; b[j][1]= b[j+1][1]; b[j+1][1]=k;
                k=b[j][2]; b[j][2]= b[j+1][2]; b[j+1][2]=k;
                }
```

可见，当总分 c[j] 与 c[j+1]交换数据时，对应行列数据要一一对应交换，b[i][j]数据交换可以表示为：

```
for(m=0;m<3;m++)
    {k= b[j][m]; b[j][m]= b[j+1][m]; b[j+1][m]=k;}
```

读者可以自己完成程序(要求上机调试程序)。

方法三：要求在例 7-9 方法二的基础上，对输出结果增加表格线。

要求输出表格线及表中的所有数据，输出表格时要进行表格规划，计算每列的字符，该题中的学号、数学、英语占 4 个字符，计算机占 6 个字符，总分占 6 个字符，设计宽度的原则是以列中最大宽度为基准，本题中所有列宽设置为 6 个字符。

```
#include<stdio.h>
int main( )
{
    int a[4],b[4][3],c[4],i,j,m,k;            /*定义变量*/
    for(i=0;i<4;i++)                          /*累加器初值为 0*/
      c[i]=0;
    for(i=0;i<4;i++)
      scanf("%d",&a[i]);                      /*输入学号*/
    for(i=0;i<4;i++)
      for(j=0;j<3;j++)
      scanf("%d",&b[i][j]);                   /*输入成绩*/
    for(i=0;i<4;i++)
      for(j=0;j<3;j++)
        c[i]=c[i]+b[i][j];                    /*求和*/
    for(i=0;i<3;i++)                          /*排序*/
    for(j=0;j<3;j++)
      if(c[j]<c[j+1]){k=c[j];c[j]=c[j+1];c[j+1]=k;
                  k=a[j];a[j]=a[j+1];a[j+1]=k;
                  for(m=0;m<3;m++)
```

```
                        {k=b[j][m];
                         b[j][m]=b[j+1][m];
                              b[j+1][m]=k;}
                         }
        printf("----------------------------------\n");
        for(i=0;i<4;i++)
        {
            printf("|%6d",a[i]);
            for(j=0;j<3;j++)
              printf("|%6d",b[i][j]);
            printf("|%6d",c[i]);
            printf("|\n");
            printf("----------------------------------\n");
        }
        return 0;
    }                              //请绘制流程图
```

程序运行结果如图 7-7 所示。

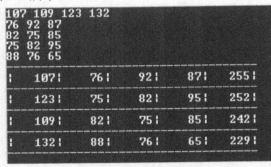

图 7-7　　例 7-9 方法三程序运行结果

即时通

在进行表格处理前要做两个工作，一是进行变量规划，二是进行表格规划。

分析：

(1) 程序中采用冒泡排序法。

(2) 程序中 $c_i=c_i+b[i][j]$ 是累加和公式，是 s=s+x 的变化形式。

思考：

(1) 请修改程序，增加表头(自己编程)。

(2) 用制表符将表格虚线改为实线(自己编程)。

(3) 讨论表格中纵向求和方法(自己编程)。

(4) 讨论输出名次方法(自己编程)。

(5) 累加器 $c_i=c_i+b[i][j]$ 中 c_i 的初值位置还有其他方式吗？

【例 7-10】 将一个二行三列的二维数组行和列的元素互换存到另一个二维数组中。

分析：可以定义两个数组，数组 a 为 2 行 3 列，存放指定的 6 个数，数组 b 为 3 行 2 列，开始时未赋值，将 a 数组中的元素 a[i][j]存放到 b 数组中的 b[j][i]元素中，用嵌套的 for 循环完成。

程序代码：

```c
#include <stdio.h>
int main( )
{
    int a[2][3]={{1,2,3},{4,5,6}};
    int b[3][2],i,j;
    printf("array a:\n");
    for (i=0;i<=1;i++)
    {
        for (j=0;j<=2;j++)
        {
            printf("%5d",a[i][j]);
            b[j][i]=a[i][j];
        }
        printf("\n");
    }
    printf("array b:\n");
    for (i=0;i<=2;i++)
    {
        for(j=0;j<=1;j++)
            printf("%5d",b[i][j]);
        printf("\n");
    }
    return 0;
}                           //请绘制流程图
```

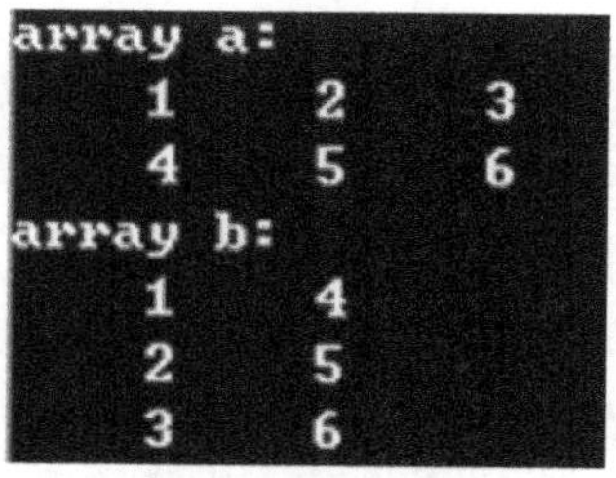

图 7-8 例 7-10 程序运行结果

程序运行结果如图 7-8 所示。

【例 7-11】 有一个 3×4 的矩阵，要求编程序求出其中最大的那个元素的值，以及其所在的行号和列号。

解题思路：采用 "打擂台算法"。

先找出任一人站在台上，第 2 人上去与之比武，胜者留在台上，第 3 人与台上的人再比武，胜者留台上，败者下台，以后每一个人都是与当时留在台上的人进行比武，直到所有人都上台参比为止，最后留在台上的是冠军。分析：采用 "打擂台算法" 先把 a[0][0]的值赋给变量 max，max 用来存放当前已知的最大值，a[0][1]与 max 比较，如果 a[0][1]>max，则表示 a[0][1]是已经比过的数据中值最大的，把它的值赋给 max，取代了 max 的原值。以后依此处理，最后 max 就是最大的值。

程序代码：

```
#include<stdio.h>
int main( )
{
    int i, j, row=0, colum=0, max;
    int a[3][4]={{1, 2, 3, 4}, {9, 8, 7, 6}, {-10, 10, -5, 2}};
    max=a[0][0];
    for (i=0; i<=2; i++)
      for (j=0; j<=3; j++)
        if (a[i][j]>max)
        {
          max=a[i][j];
          row=i;
          colum=j;
        }
        printf("max=%d\nrow=%d\n colum=%d\n", max, row, colum);
    return 0;
}
```

任务 4　一维字符数组

前面我们学习了有关字符的知识，如 putchar、getchar、char、%c、%s 等。字符串是若干字符的组合，用 " " 表示，例如："china"，"贵州商学院" 等。在 C 语言中有字符常量和字符变量，还有字符串常量，但没有字符串变量，字符串可以用字符函数(后述)和字符数组(一维字符数组，二维字符数组)来处理。

处理字符串的基本单位是字符，一个字符就是一个数据(字符数据)，同样，一个变量只能赋值一个字符，字符串和字符的处理方式有所不同，但字符串可以分散成字符进行处理，下面介绍一维字符数组处理字符串。

一、基础知识

用来存放字符数据的数组是字符数组，只有一个下标的字符数组叫一维字符数组，字符数组中的一个元素(下标变量)存放一个字符。

1. 一维字符数组的定义

一般格式：

　　数据类型　数组名 1[下标]，数组 2[下标],……

例如：

　　char a[5], b[8];

可见，定义字符数组的方法与定义数值型数组的方法类似。

2. 一维字符数组初始化

给字符数组下标变量(元素)赋值的方式仍然有三种，即定义时赋值、"=" 赋值和 scanf 赋值。初始化指的是定义时给数组赋值，例如：用字符数组编程输出 "china"。

(1) 字符数组下标变量的个数与初值个数相同时的情况。例如：

    char a[5] = {'c', 'h', 'i', 'n', 'a'};

存储情况：

a[0]	a[1]	a[2]	a[3]	a[4]
c	h	i	n	a

(2) 字符数组下标变量的个数多于初值个数的情况。例如：char b[6] = { 'c', 'h' }；此时，b[0] = 'c'，b[1] = 'h'，其余元素自动定义为空字符 '\0' (反之，字符数组下标变量个数少于初值个数时会出错)。

b[0]	b[1]	b[2]	b[3]	b[4]	b[5]
c	h	\0	\0	\0	\0

(3) 字符数组下标缺省时，由初值决定下标值。例如：char x[]={'c', 'h', 'i'}。数组 x 的下标值为 3。

3. 字符数组的引用

当字符数组赋初值后，可以引用字符数组的元素(一个下标变量)。

【例 7-12】 用字符数组输出 "computer"。

程序代码：

```
#include<stdio.h>
int main( )
{
    char a[8]={'c', 'o', 'm', 'p', 'u', 't', 'e', 'r'};      //字符处理方式
    int i;
    for(i=0;i<8;i++)
      printf("%c",a[i]);          //单个输出合成
      printf("\n");
    return 0;
}
```

图 7-9 例 7-12 程序运行结果

程序运行结果如图 7-9 所示。

即时通

程序中的 a[i]就是字符数组引用。

二、基本应用

通过例题掌握字符数组的应用。

【例 7-13】 用字符数组编程输出 "china"。

程序代码:

(1) 定义时赋值。

```
#include<stdio.h>
int main( )
{
    char a[5]={'c', 'h', 'i', 'n', 'a'};          /*或 a[6]={"china"}*/
    int i;
    for(i=0; i<5; i++)
        printf("%c", a[i]);                       /*单个输出后合成*/
    return 0;
}
```

程序运行结果如图 7-10 所示。

(2) 用 "=" 赋值。

```
#include<stdio.h>
int main( )
{
    char a[5];
    int i;
    a[0] ='c'; a[1]= 'h'; a[2]= 'i';
    a[3]= 'n'; a[4]= 'a';                          /*分散赋值*/
    for(i=0; i<5; i++)
        printf("%c",a[i]);                        /*单个输出后合成*/
    return 0;
}
```

图 7-10　例 7-13-(1)程序运行结果

(3) 用 scanf 赋值。

方法一: (字符输入输出法——逐个字符输入输出法)。

```
#include<stdio.h>
int main( )
{
    char a[5];
    int i;
    for(i=0;i<5;i++)
        scanf("%c",&a[i]);    /*注意输入方式*/
    for(i=0;i<5;i++)
        printf("%c",a[i]);    /*单个输出后合成*/
    return 0;
}
```

程序运行结果如图 7-11 所示。

图 7-11　例 7-13-(3)方法一程序运行结果

方法二：(字符串输入输出法——整体操作)

```
#include<stdio.h>
int main( )
  {
    char a[5];
    scanf("%s",a);                    /*输入时不用&*/
    printf("%s",a);                   /*字符串输出*/
    return 0;
  }
```

程序运行结果如图 7-12 所示。

图 7-12   例 7-13-(3)方法二程序运行结果

【例 7-14】 编程输出 "贵州商学院"。

方法一： 处理中文字符串时直接输出方式。

程序代码：

```
#include<stdio.h>
int main( )
{
    printf("贵州商学院\n");
    return 0;
}
```

程序运行结果如图 7-13 所示。

图 7-13   例 7-14 方法一程序运行结果

方法二： 字符串的处理实质是对字符的处理。

程序代码：

```
#include<stdio.h>
int main( )
{
    char a[11]="贵州商学院";              //char a[11]={"贵州商学院"};
    int i;
```

```
        for(i=0;i<10;i++)
        printf("%c",a[i]);
        return 0;
    }
```
程序运行结果如图 7-14 所示。

图 7-14　例 7-14 方法二程序运行结果

任务 5　二维字符数组

二维字符数组是具有两个下标字符的数组，它的每一个元素都表示一个字符。

一、基础知识

二维字符数组仍然表示二维表数据，处理的对象仍然是字符串，是有两个下标的字符数组。二维字符数组中的一个元素(下标变量)存放一个字符。

1．二维字符数组的定义

一般格式：

　　数据类型　数组名 1[下标 1][下标 2]，数组 2[下标 1][下标 2],……

例如：

　　char a[3][5], b[8][2]

可见，定义字符数组的方法与定义数值型数组的方法类似。

2．二维字符数组初始化

(1) 字符数组下标变量个数与初值个数相同时的情况。例如：char a[4][9]={"10100107", "10100109", "10100123", "10100132"}，按分散处理的方法，如表 7-4 所示(把这些数看成字符串进行处理)。

表 7-4　按分散处理的方法

1	0	1	0	0	1	0	7
1	0	1	0	0	1	0	9
1	0	1	0	0	1	2	3
1	0	1	0	0	1	3	2

(2) 字符数组下标变量个数多于初值个数的情况。例如：char b[2][5] = {{'t'},{'s', 'm'}}; 此时，b[0][0] = 't'，b[1][0] = 's'，b[1][1] = 'm'，其余元素自动定义为空字符 '\0'(反之，字符

数组下标变量个数少于初值个数时会出错)。

(3) 当二维字符数组的行下标缺省时，由初值决定下标值。例如：char a[][3] = {{'i', 's'}, {}, {'j', 'a'}}，结果是 3 行，数组元素为：

$$
\begin{array}{ccc}
i & s & \backslash 0 \\
\backslash 0 & \backslash 0 & \backslash 0 \\
j & a & \backslash 0
\end{array}
$$

则：a[0][0] = 'i', a[0][1] = 's', a[0][2] = '\0', a[1][0] = '\0', a[1][1] = '\0', a[1][2] = '\0', a[2][0] = 'j', a[2][1] = 'a', a[2][2] = '\0'。

二、基本应用

给字符数组下标变量(元素)赋值的方式理论上仍然有三种，即定义时赋值、"="赋值和 scanf 赋值，但实际应用时有区别(后述)。

【例 7-15】 编程输出下列表中的数据。

姓名	学号	性别	总分
张大山	10100107	男	255
李良民	10100109	女	242
王大鹏	10100123	男	252
徐明明	10100132	男	229

方法一：按字符处理输出。

程序代码：

```
#include<stdio.h>
#include<conio.h>
int main( )
{
    char a[4][7]={"张大山","李良民","王大鹏","张明明"};        //注意字符串后有\0
    char b[4][9]={"10100107","10100109","10100123","10100132"};
    char c[4][3]={"男","女","男","男"};
    int i,j;
    for(i=0;i<4;i++)
    {
        for(j=0;j<6;j++)
          printf("%c",a[i][j]);                 /*字符输出合成*/
          printf("   ");
        for(j=0;j<8;j++)
          printf("%c",b[i][j]);
          printf("   ");
        for(j=0;j<2;j++)
```

```
            printf("%c",c[i][j]);
            printf("\n");
        }
        return 0;
    }
```

程序运行结果如图 7-15 所示。

图 7-15　例 7-15 方法一程序运行结果

方法二—1：按字符串输出处理，定义数组时字符串长度加 1，输出时可以按照字符或字符串输出。

程序代码：

```
#include<stdio.h>
 #include<conio.h>
int main()
{
    char a[4][7]={"张大山","李良民","王大鹏","张明明"};
    char b[4][9]={"10100107","10100109","10100123","10100132"};
    char c[4][3]={"男","女","男","男"};
    int i,j;
    for(i=0;i<4;i++)
    {
        printf("%s",a[i]);              /*字符串输出*/
         printf("%s",b[i]);
        printf("%s",c[i]);
        printf("\n");
    }
    return 0;
}
```

图 7-16　例 7-15 方法二—1 程序运行结果

程序运行结果如图 7-16 所示。

方法二—2：用"="赋值。

用"="给变量赋值时，只能赋给单个字符，对于字符串不能用"="给变量赋值。

方法二—3：用 scanf 赋值(汉字可以从键盘输入，请讨论)。

程序代码：

```
#include<stdio.h>
#include<conio.h>
int main( )
{
    char a[4][7]={"张大山","李良民","王大鹏","张明明"};
    char b[4][8];
    char c[4][2];              //如果是 char c[4][3]，则输入"男　女　男　男"};
    int i,j;
```

```
        for(i=0;i<4;i++)
          for(j=0;j<8;j++)
            scanf("%c",&b[i][j]);
                for(i=0; i<4; i++)
                for(j=0; j<2; j++)
                        scanf("%c", &c[i][j]);
        for(i=0;i<4;i++)
        {
            for(j=0;j<6;j++)
              printf("%c",a[i][j]);            /*字符输出合成*/
              printf("   ");
            for(j=0;j<8;j++)
              printf("%c",b[i][j]);
              printf("   ");
            for(j=0;j<2;j++)
              printf("%c",c[i][j]);
              printf("\n");
        }
        return 0;
}
```

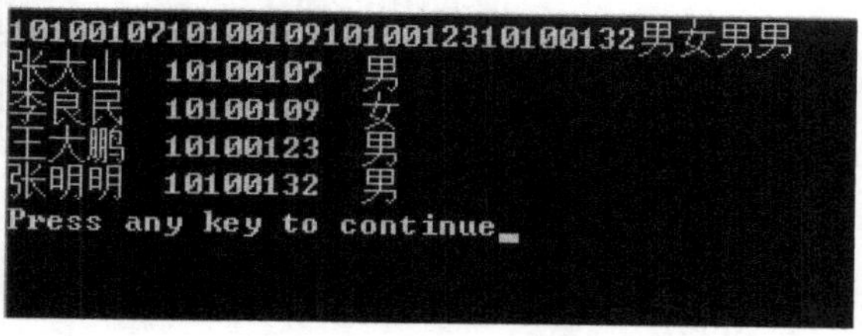

图 7-17　例 7-15 方法二—3 程序运行结果

程序运行结果如图 7-17 所示。

方法二—4：汉字字符串可以从键盘输入。

程序代码：

```
#include<stdio.h>
#include<conio.h>
int main( )
{
    char a[4][7];
    char b[4][9];
    char c[4][3];
    int i;
    for(i=0;i<4;i++)
      scanf("%s",a[i]);
    for(i=0;i<4;i++)
      scanf("%s",b[i]);
    for(i=0;i<4;i++)
      scanf("%s",c[i]);
    for(i=0;i<4;i++)
    {
```

```
            printf("%7s",a[i]);                    /*字符串输出*/
            printf("%9s",b[i]);
            printf("%3s",c[i]);
            printf("\n");
        }
        return 0;
    }
```

程序运行结果如图 7-18 所示。

图 7-18   例 7-15 方法二—4 程序运行结果

方法三：按照总分从高到低的顺序输出数据(注意调数方法)。

程序代码：

```
#include<stdio.h>
#include<conio.h>
int main( )
{
    char a[4][7]={"张大山","李良民","王大鹏","张明明"},k;
    char b[4][9]={"10100107","10100109","10100123","10100132"};
    char c[4][3]={"男","女","男","男"};
    int d[4]={255,242,252,229};
    int i,j,m,t;
    for(i=0;i<3;i++)
    for(j=i+1;j<4;j++)
    if(d[i]<d[j]){t=d[i];d[i]=d[j];d[j]=t;
            for(m=0;m<6;m++)
            {k=a[i][m];a[i][m]=a[j][m];a[j][m]=k;}
            for(m=0;m<8;m++)
            {k=b[i][m];b[i][m]=b[j][m];b[j][m]=k;}
            for(m=0;m<2;m++)
            {k=c[i][m];c[i][m]=c[j][m];c[j][m]=k;}}
    for(i=0;i<4;i++)
    {
```

```
      for(j=0;j<6;j++)
         printf("%c",a[i][j]);              /*字符输出合成*/
         printf("   ");
      for(j=0;j<8;j++)
         printf("%c",b[i][j]);
         printf("   ");
      for(j=0;j<2;j++)
         printf("%c",c[i][j]);
         printf("%5d",d[i]);
         printf("\n");
      }
      return 0;
   }
```

程序运行结果如图 7-19 所示。

图 7-19　例 7-15 方法三程序运行结果

即时通

(1) 研讨：请将姓名、学号、性别都用键盘输入(以字符串或字符形式)。要求程序运行结果如下：

(2) 程序中使用了字符串的调数。

(3) 字符串的处理是以单个字符为基础，以分散处理为主要形式。

(4) 思考：在输出表格中增加表头和表格线(自己编程)。

任务6　字符串函数

字符串函数是指以字符串为处理对象的函数。

一、字符串结束标志

在 C 语言中，将字符串作为字符数组来处理，关心的是字符串的有效长度而不是字符数组的长度，为了测定字符串的实际长度，C 语言规定了字符串结束标志'\0'。

注意：

(1) '\0' 代表 ASCII 码为 0 的字符。

(2) 从 ASCII 码表可以查到，ASCII 码为 0 的字符不是一个可以显示的字符，而是一个 "空操作符"。

(3) '\0' 是字符串结束标志。

char c[]={"I am happy"}; 可写成 char c[]="I am happy"; ，相当于 char c[11]={ "I am happy"};。char c[10]={ "china"}; 可写成 char c[10]= "China"; ，从 c[5]开始，元素值均为 \0，可用语句 printf("%s",c); 显示 c 的内容。

二、字符数组的输入输出

例 7-15 中介绍了字符数组的两种输入输出情况。

(1) 逐个字符输入输出(%c)。

(2) 整个字符串一次输入输出(%s)。

即时通

(1) 输出的字符中不包括结束符 '\0'。

(2) 用%s 输出字符串时，printf()函数中的输出项是字符数组名，不是数组元素名。

(3) 如果一个字符数组中包含多个 '\0'，则遇第一个 '\0' 时输出就结束。

(4) 可以用 scanf()函数输入一个字符串(见例 7-15)。

(5) 在用 scanf()函数输入字符串时，输入的字符串长度要小于已定义的字符数组的长度。

三、字符串函数

在 C 函数库中提供了一些用来专门处理字符串的函数，使用字符串函数时，在程序开头要使用 #include<string.h>。

1. puts 函数(输出字符串的函数)

一般形式为：

　　puts (字符数组);

作用：将一个字符串输出到终端。

【例 7-16】 用 puts()函数输出字符串。

```
#include<stdio.h>
#include<string.h>
int main( )
{
```

```
    char str[20]="China";
    puts(str);
    return 0;
}
```

图 7-20　例 7-16 程序运行结果

程序运行结果如图 7-20 所示。

2．gets 函数(输入字符串的函数)

一般形式为：

gets(字符数组)

作用：输入一个字符串到字符数组中。

【例 7-17】　用 gets()函数输入字符串。

```
#include<stdio.h>
#include<string.h>
int main( )
{
    char str[20];
    gets(str);          //可输入汉字
    puts(str);
    return 0;
}
```

图 7-21　例 7-17 程序运行结果

程序运行结果如图 7-21 所示。

3．strcat 函数(字符串连接函数)

一般形式为：

strcat(字符数组 1，字符数组 2)

作用：把两个字符串连接起来，把字符串 2 接到字符串 1 的后面，结果放在字符数组 1 中。

【例 7-18】　用 strcat()函数连接字符串。

```
#include<stdio.h>
#include<string.h>
int main( )
{
    char str1[30]="People";
    char str2[]="China";
    printf("%s", strcat(str1, str2));
    return 0;
}
```

图 7-22　例 7-18 程序运行结果

程序运行结果如图 7-22 所示。

4．strcpy 和 strncpy 函数(字符串复制)

一般形式为：

strcpy(字符数组 1,字符串 2);

作用：将字符串 2 复制到字符数组 1 中。

【例 7-19】 用 strcpy()函数复制字符串。

```
#include<stdio.h>
#include<string.h>
int main( )
  {
      char str1[10], str2[]="China";
      strcpy(str1, str2);
      puts(str1);
      return 0;
  }
```

图 7-23　例 7-19 程序运行结果

程序运行结果如图 7-23 所示。

可以用 strncpy 函数将字符串 2 中前面 n 个字符复制到字符数组 1 中。

格式：

strncpy(str1, str2, n);

作用：将 str2 中最前面 n 个字符复制到 str1 中，取代 str1 中原有的最前面的 n 个字符，复制的字符个数 n 不应多于 str1 中原有的字符。

5．strcmp 函数(字符串比较函数)

一般形式为：

strcmp(字符串 1，字符串 2);

作用：比较字符串 1 和字符串 2。

例如：

strcmp(str1,str2);

strcmp("China", "Korea");

strcmp(str1, "Beijing");

字符串比较规则：将两个字符串自左至右逐个字符相比，直到出现不同的字符或遇到'\0' 为止。如全部字符相同，则认为两个字符串相等，若出现不相同的字符，则以第一对不相同的字符的比较结果为准(ASCII 码值大为大)。

比较的结果有三种情况；

(1) 如果字符串 1=字符串 2，则函数值为 0；

(2) 如果字符串 1>字符串 2，则函数值为一个正整数(1)；

【例 7-20】 字符串比较实例。

```
#include<stdio.h>
#include<string.h>
int main( )
  {
      char str1[30]="People";
```

```
        char str2[]="China";

        printf("%d", strcmp(str1,str2));
        return 0;
    }
```
程序运行结果如图 7-24 所示。

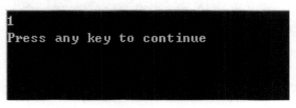

图 7-24　例 7-20 程序运行结果

(3) 如果字符串 1<字符串 2，则函数值为一个负整数(−1)。

【例 7-21】　字符串比较函数实例。

```
#include<stdio.h>
#include<string.h>
int main( )
{
    char str1[30]="People";
    char str2[]="China";
    printf("%d", strcmp(str2，str1));
    return 0;
}
```
程序运行结果如图 7-25 所示。

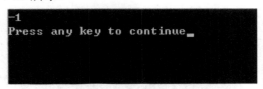

图 7-25　例 7-21 程序运行结果

6. strlen 函数(测字符串长度的函数)

一般形式为：

strlen (字符数组)

作用：它是测试字符串长度的函数，函数的值为字符串中的实际长度。

【例 7-22】　测试字符串长度函数实例。

```
#include<stdio.h>
#include<string.h>
int main( )
{
```

```
        char str[10]="China";
        printf("%d",strlen(str));
        return 0;
    }
```

程序运行结果如图 7-26 所示。

图 7-26   例 7-22 程序运行结果

7．strlwr 函数(转换为小写的函数)

一般形式为

strlwr (字符串)

作用：将字符串中的大写字母换成小写字母。

【例 7-23】   将字符串中的大写字母转换成小写字母的实例。

```
    #include<stdio.h>
    #include<string.h>
    int main( )
    {
        char str[10]="CHINA";
        printf("%s", strlwr(str));
        return 0;
    }
```

程序运行结果如图 7-27 所示。

图 7-27   例 7-23 程序运行结果

8．strupr 函数(转换为大写的函数)

一般形式为

strupr (字符串)

作用：将字符串中小写字母换成大写字母。

【例7-24】 将字符串中的小写字母转换成大写字母的实例。

```c
#include<stdio.h>
#include<string.h>
int main( )
{
    char str[10]= "computer";
    printf("%s", strupr(str));
    return 0;
}
```

程序运行结果如图 7-28 所示。

图 7-28 例 7-24 程序运行结果

四、字符数组应用举例

【例7-25】 输入一行字符，统计其中有多少个单词，单词之间用空格分隔。

分析：

(1) 该问题的关键是如何确定"一个新单词"。

(2) 假设用变量 sum 统计单词个数，用变量 word 作为一个新单词开始的标志。

(3) 判断是否出现新单词，可以由空格出现来决定。

(4) 判断过程：设 word 和 sum 的初值为 0，判断的字母为 c。sum 加 1 的条件是 c 为非空格和 word=0，同时 word=1。

① 当 c 为第一个字母(非空格)时，此时 word=0(初值)，sum 加 1，同时 word=1；当 c 仍然是非空格时，word=1，sum 不加 1。

② 当 c 为空格时，word=0，sum 不符合加 1 的条件，当 c 为第二个空格时，word=0，sum 仍然不加 1。

③ 当 c 为非空格时，word=0，sum 加 1，以此类推，直到 c='\0' 时结束。

程序代码：

```c
#include <stdio.h>
int main( )
{
    char string[81];
    int i,num=0,word=0;
    char c;
```

```
        gets(string);
        for (i=0;(c=string[i])!='\0';i++)
          if(c==' ') word=0;
          else if(word==0)
          {   word=1;
              num++;
          }
        printf("There are %d words in this line.\n",num);
        return 0;
    }
```

程序运行结果如图 7-29 所示。

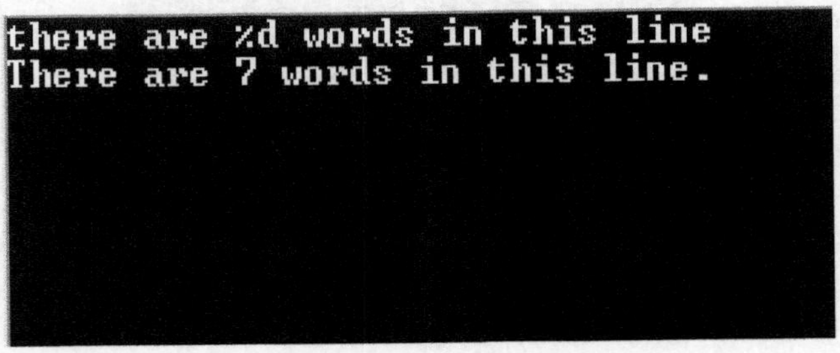

图 7-29　例 7-25 程序运行结果

【例 7-26】 从键盘上输入 3 个字符串，要求找出其中的最大者输出。

分析：设一个二维的字符数组 str，大小为 3 × 10。每一行存放一个字符串可以用 str[0]、str[1]、str[2]表示。

程序代码：

```
#include<stdio.h>
#include<string.h>
int main( )
{
    char str[3][10];
    char string[10];
    int i;
    for (i=0;i<3;i++)
      gets(str[i]);
    if (strcmp(str[0],str[1])>0)
          strcpy(string,str[0]);
      else
          strcpy(string,str[1]);
    if (strcmp(str[2],string)>0)
          strcpy(string,str[2]);
```

```
        printf("\nthe largest:\n%s\n",string);
        return 0;
    }
```
程序运行结果如图 7-30 所示。

图 7-30　例 7-26 程序运行结果

小　结

本项目介绍一种新的数据结构——数组，用它能处理较为复杂的数据问题，典型的应用是数据排序和表格处理。数组按表示的数据的不同分为数值型数组和字符型数组；数组按下标的个数分为一维数组和二维数组，一维数组表示的几何意义是直线，二维数组表示的几何意义是平面。

实　训　题

1．查阅斐波那契(Fibonacci)其人其事。

2．选择题。

(1) 执行下面的程序段后，变量 k 中的值为_____。

```
int k=3,s[2];
s[0]=k; k=s[1]*10;
```

A. 不定值　　　　　　B. 33　　　　　　　C. 30　　　　　　　D. 10

(2) 有如下程序：

```
#include<stdio.h>
int main( )
{
    char ch[80]="123abcdEFG*&";
    int j;long s=0;
    puts(ch);
    for(j=0;ch[j]>'\0';j++)
        if(ch[j]>='A'&&ch[j]<='Z') ch[j]=ch[j]+'e'-'E';
    puts(ch);
    return 0;
}
```

该程序的功能是_____。

A. 测字符数组 ch 的长度

B. 将数字字符串 ch 转换成十进制数

C. 将字符数组 ch 中的小写字母转换成大写

D. 将字符数组 ch 中的大写字母转换成小写

(3) 下面程序的输出是_____。

```
#include <stdio.h>
#include <string.h>
int main( )
{
    char p1[10]="abc",p2[]="ABC",str[50]="xyz";
    strcpy(str,strcat(p1,p2));
    printf("%s\n",str);
    return 0;
}
```

A. xyzABCabc　　　　B. abcABC　　　　C. xyabcABC　　　　D. xyzabcABC

(4) 以下程序的输出结果是_____。

```
#include<stdio.h>
int main( )
{
    int a[4][4]={{1,3,5,},{2,4,6},{3,5,7}};
    printf("%d%d%d%d\n",a[0][0],a[1][1],a[2][2],a[3][3]);
    return 0;
}
```

A. 0650　　　　　　B. 1470　　　　　　C. 5430　　　　　　D. 输出值不定

(5) 以下关于数组的描述正确的是_____。

A. 数组的大小是固定的，但可以有不同类型的数组元素。

B. 数组的大小是可变的，但所有数组元素的类型必须相同。

C. 数组的大小是固定的，所有数组元素的类型必须相同。

D. 数组的大小是可变的，可以有不同类型的数组元素。

(6) 以下对一维数组 a 进行正确初始化的是_____。

A. int　a[10]=(0,0,0,0,0);　　　　　　B. int a[10]={ };

C. int　a[3]={0};　　　　　　　　　　D. int a[10]={ 10*2};

(7) 定义如下变量和数组：

```
int i;
int x[4][4]={1,2,3,4,5,6,7,8,9,10,11,12,13,14,15,16};
```

则下面语句的输出结果是_____。

```
for(i=0;i<4;i++) printf("%3d",x[i][3-i]);
```

A. 1　　5　　9 13　　　　　　　　B. 1　　6 11 16

C. 4　7 10 13　　　　　　　　　　　D. 4　8 12 16

(8) 合法的数组定义是_____。

A. int a[6]={"string"};　　　　　　　B. int a[5]={0,1,2,3,4,5};

C. char a={"string"};　　　　　　　　D. char a[]={0,1,2,3,4,5};

(9) 下面程序的输出是_____。

```
#include<stdio.h>
int main( )
{
    char s[ ]="12134211";
    int v1=0,v2=0,v3=0,v4=0,k;
    for(k=0;s[k];k++)
    switch(s[k])
    {   case '1':v1++;
        case '2':v2++;
        case '3':v3++;
        default:v4++;
    }
    printf("v1=%d,v2=%d,v3=%d,v4=%d\n",v1,v2,v3,v4);
    return 0;
}
```

A. v1=4,v2=2,v3=1,v4=1　　　　　　B. v1=4,v2=6,v3=7,v4=8

C. v1=5,v2=8,v3=6,v4=1　　　　　　D. v1=8,v2=8,v3=8,v4=8

(10) 请读程序：

```
#include <stdio.h>
#include <string.h>
int main( )
{
    char s1[20]="AbCdEf", s2[20]="aB";
    printf("%d\n",strcmp(s1,s2));
    return 0;
}
```

上面程序的输出结果是_____。

A. 32　　　　　　　　　　　　　　B. 0

C. −32　　　　　　　　　　　　　　D. 不确定的值

3. 程序改错题。

程序功能是将字符数组 a 中下标值为偶数的元素从大到小排列，其他元素不变，
源程序为：

```
#include<stdio.h>
#include<string.h>
```

```
    int main( )
    {
        char a[ ]="0123456789",t;
        int i,j,k;
        k=strlen(a);
        for(i=0;i<=k-2;i++)
        for(j=i+2;j<k;j++)
        if(a[i]>a[j])
        { t=a[i];a[i]=a[j];a[j]=t;}
        puts(a);
        return 0;
    }
```

4. 程序设计题。

(1) 将一个一维数组 a[10]中的元素值按逆序重新存放。假定数组中原来的元素的顺序为：1，3，5，7，9，8，6，4，2，0。按逆序为：0，2，4，6，8，9，7，5，3，1。要求：在程序中将数组初值初始化，输出逆序重新存放后元素的值。

(2) 已知某家电公司某门市部 2013 年上半年的销售情况(销售数量表)和家电商品价格(价格表)，求该门市部上半年的销售总额。

销 售 数 量 表

单位：台

月份 品名	一	二	三	四	五	六
电视机	12	15	17	20	13	16
电冰箱	20	25	24	26	23	22
冰柜	17	12	13	15	18	20

价 格 表

单位：元

电视机	电冰箱	冰柜
4500.00	2420.00	2780.00

(3) 有整型数组 a[20]，首先输入一组非 0 整数(少于 20 个)到该数组中，以输入 0 值为结束。编写函数，求该数组中元素的正数个数、正数平均值、负数个数、负数平均值。提示：将数组定义为 int a[20],实际只用数组的前若干个元素。

(4) 任意输入一个 4 位数，存入变量 i，将该数的每一位上的数字，分解到整型数组 a[]中，用选择法将 a[]数组中的数排成升序，并输入 a[]数组的内容。要求选择法排序在函数中完成。

如：int i,a[4];输入 i=8362。

分解后：a[0]=2,a[1]=6,a[2]=3,a[3]=8。

排序后：a[0]=2,a[1]=3,a[2]=6,a[3]=8。

运行时，输入 8362。

输出 2368。

(5) 从键盘任意输入 50 个整数，求其中的素数，并将素数从大到小输出。

(6) 给定二维数组 a 的数据如下，求该数组 2 条对角线元素之和。

3 6 4 6

8 3 1 3

4 7 1 2

2 9 5 3

(7) 已知 5 个学生的 3 门成绩如下：

	COURSE1	COURSE2	COURSE3	AVER
STUD1	76	80	90	
STUD2	90	65	77	
STUD3	63	55	70	
STUD4	90	92	97	
STUD5	73	69	82	

要求：① 求出并输入每个学生的平均成绩。

② 求出并输入每门课的平均成绩。

(8) 编写一个函数，将 s2 中的字符串拷贝到数组 s1 中去。

(9) 输入 2 个字符串，将对应字母交叉组成第三个字符串，最后输入第三个字符串。例如输入的 2 个字符串分别是 "abcd" 和 "1234"，则合并后的字符串是 "a1b2c3d4"。若 2 个字符串的长度不等，则其中的一个字符串多余的部分放在结果字符串的尾部，如 2 个字符串分别是 "banana" 和 "12"，则合并后的字符串是 "b1a2nana"。

要求：第一个字符串的第一个字母总是结果串的第一个字母。

(10) 给出一个已经按照升序排好的数组(共 10 个数)，从键盘中任意输入一个数，将其插入到该数组中，重新组成一个升序序列(共 11 个数)。

项目八 函　　数

【知识目标】

◆ 掌握函数的概念、定义和调用。

◆ 掌握函数的嵌套调用和递归调用。

◆ 了解局部变量和全局变量。

◆ 了解变量的存储类别。

【能力目标】

◆ 结构化程序设计方法的使用。

◆ "组装程序"的方法。

【引例】

写两个函数，分别求两个整数的最大公约数和最小公倍数，用主函数调用这两个函数，并输出结果(两个整数由键盘输入)。

任务1 函 数 概 述

C 语言源程序是由函数组成的。C 语言的函数分为库函数和自定义函数。库函数是 C 语言系统提供的可以直接使用的函数(标准函数)，自定义函数是用户自己编制的一个个相对独立的函数模块，自定义函数通过调用方式来使用。

这里所谓的函数主要是指自定义函数(子程序)，函数调用与被调用之间的关键是参数传递。

一、基础知识

从不同的角度介绍函数的分类、函数的定义、函数的参数和函数的调用等知识。

(一) 函数分类

1. 从函数定义角度看，函数可分为库函数和用户定义函数

(1) 库函数：由 C 系统提供，用户直接引用的函数。例如 printf()、scanf()、getchar()、putchar()、gets()、puts()、sqrt()等函数。这类函数在使用前必须增加函数原型的头文件。

【例 8-1】 从键盘上输入一串字符，输出该字符串。

程序代码：

```
#include<stdio.h>
#include<string.h>
```

```
    int main()
    {
        char str[10];
        gets(str);              //可输入汉字
        puts(str);
        return 0;
    }
```

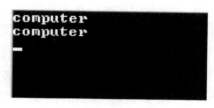

图 8-1   例 8-1 程序运行结果

程序运行结果如图 8-1 所示。

即时通

　　gets、puts 就是库函数。

　　(2) 用户自定义函数：由用户编制的具有一定功能的程序(非 main())。该程序可供其他程序调用，调用时必须进行函数说明，即先说明后调用。

【例 8-2】 从键盘上输入两个数，求其中的最大值。

程序代码：

```
    #include<stdio.h>
    int main()
    {
        int max(int x, int y);          /*函数说明*/
        int a, b, c;
        scanf("%d, %d", &a, &b);
        c=max(a, b);
        printf("min=%d", c);
        return 0;
    }
    int max(int x, int y)
    {   int z;
        if(x>y) z=x;
            else    z=y;
        return(z);
    }
```

即时通

　　max 就是自定义函数，它与库函数的区别就是实现程序可见。

2. 从是否返回值的角度看，函数分为有返回值函数和无返回值函数

(1) 返回值函数：函数的普遍作用是向调用者返回一个结果，如 sqrt()、abs()、sin()、

exp()等数学函数。而用户自定义的函数也可以返回值,但必须定义返回值(函数值)的类型,如例 8-2。

(2) 无返回值函数:此类函数的作用是完成特定功能的程序,调用时不需要返回值,调用时需要进行说明,但要定义函数类型为"空类型"(void),如例 8-3。

3. 从有无参数调用角度看,函数分为有参数函数和无参数函数

(1) 有参数函数:在函数定义、函数调用时有参数,主调函数和被调函数之间要进行参数传递。在函数定义时称为形式参数(简称为形参),在函数调用时称为实际参数(简称为实参),如例 8-2。

(2) 无参数函数:函数定义、函数调用中都不带参数。主调函数和被调函数之间不进行参数传递。此类函数通常用来完成一组指定的功能,可以返回或不返回函数值,如例 8-3。

4. 从完成功能角度看,函数分为数学函数、字符函数、字符串函数、输入输出函数和动态分配函数

数学函数、字符函数、字符串函数、输入输出函数和动态分配函数是 C 语言的库函数,详细情况见附录 5,这里不再叙述。

(二) 函数定义

函数定义就是指编写函数(程序)的过程。

1. 无参数函数的形式

```
函数类型  函数名()
{
    变量说明;
    语句;
}
```

其中函数类型和函数名称为函数首部。函数类型指明了本函数的类型,函数的类型实际上是函数返回值的类型。函数名是由用户定义的标识符。

{}中有变量说明和函数体两部分。在大多数情况下都不要求无参数函数有返回值,此时函数类型符可以写为 void。

【例 8-3】 用函数调用实现输出以下的结果。

```
*****************
    How do you do!
*****************
```

程序代码:

```
#include <stdio.h>
void main()
{
    void print_star();
    void print_message();
    print_star();
```

```
        print_message();
        print_star();
        return;              //return 可以不要
    }
    void print_star()
    {
        printf("*****************\n");
    }
    void print_message()
    {
        printf("How do you do!\n");
    }
```

程序运行结果如图 8-2 所示。

图 8-2 例 8-3 程序运行结果

即时通

print_star()和 print_message()就是自定义函数。

2. 有参数函数定义的形式

```
    函数类型 函数名(形式参数表)
    {
        变量说明;
        语句;
    }
```

有参数函数就是有形式参数表的函数。形式参表可以是各种类型的变量，各参数之间用逗号间隔。在进行函数调用时，实际参数与形式参数的类型、个数要一一对应，因此，形式参数也需要定义类型。如例 8-2 中的 max()函数。

```
    int max(int x, int y)
    {
        ......
    }
```

在例 8-2 程序中，调用 max()函数的语句是 c=max(a, b)，执行时 a, b 的值分别传给 max()函数中的 x, y。

(三) 函数的参数和函数的值

1. 形式参数(简称形参)和实际参数(简称实参)

函数的参数分为形式参数(简称形参)和实际参数(简称实参)。下面介绍形参、实参的特点和两者的关系。

形参出现在函数定义中,在整个函数体内都可以使用,离开该函数则不能使用。实参出现在主调函数中,进入被调函数后,实参变量也不能使用。形参和实参的功能是作数据传送。发生函数调用时,主调函数把实参的值传送给被调函数的形参,从而实现主调函数向被调函数的数据传送。

函数的形参和实参具有以下特点:

(1) 形参变量只有在被调用时才分配内存单元,在调用结束时,即刻释放所分配的内存单元。因此,形参只有在函数内部有效。

(2) 实参可以是常量、变量、表达式、函数等,无论实参是何种类型的量,在进行函数调用时,它们都必须具有确定的值,以便把这些值传送给形参。

(3) 实参和形参在数量上、类型上、顺序上应严格一致,否则会发生类型不匹配的错误。

(4) 函数调用中发生的数据传送是单向的。即只能把实参的值传送给形参,而不能把形参的值反向传送给实参。因此在函数调用过程中,形参的值发生改变,而实参中的值不会变化,如图 8-3 所示。

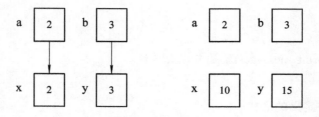

图 8-3　参数传递

【例 8-4】　从键盘上输入两个整数,要求用函数输出较小的数。

分析:

① 函数名应是见名知意,现命名为 min。

② 由于给定的两个数是整数,返回主调函数的值(即较小数)应该是整型。

③ min 函数应当有两个参数,以便从主函数接收两个整数,因此参数的类型应当是整型。

程序代码:

```
#include<stdio.h>
int min(int x,int y)                /*x, y 是形参*/
{
    int z;
    z=x<y?x:y;
    return(z);
```

```
    }
    void main()
    {
        int min(int x, int y);          //可以不需要函数说明，因函数 min 在 main 之前
        int a, b, c;
        printf("two integer numbers: ");
        scanf("%d, %d", &a, &b);
        c=min(a, b);                    /*a，b 是实参*/
        printf("min is %d\n", c);
    }
```

程序运行结果如图 8-4 所示。

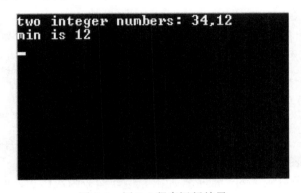

图 8-4　例 8-4 程序运行结果

即时通

在定义函数中指定的形参，在未出现函数调用时，它们并不占内存中的存储单元。在发生函数调用时，函数 max 的形参被临时分配内存单元。实参 a、b 的值传递给形参 x、y。

调用结束，形参单元被释放，实参单元仍保留并维持原值，没有改变。如果在执行一个被调用函数时，形参的值发生改变，不会改变主调函数的实参的值。

2. 函数的返回值

函数的值是指函数被调用之后，执行函数体中的程序段所取得的并返回给主调函数的值。

(1) 函数的值只能通过 return 语句返回主调函数。return 语句的一般形式为：

    return 表达式；

或

    return(表达式)；

该语句的功能是计算表达式的值，并返回给主调函数，在函数中允许有多个 return 语句，但每次调用只能有一个 return 语句被执行，因此只能返回一个函数值。

即时通

如果将例 8-4 中 return(z)改为 return(z + 8)，结果为 20。

(2) 函数值的类型和函数定义中函数的类型应保持一致。如果两者不一致，则以函数类型为准，自动进行类型转换。

(3) 如果函数值为整型，在函数定义时可以省去类型说明。

(4) 不返回函数值的函数，可以明确定义为"空类型"，类型说明符为"void"。

(四) 函数的调用

1. 函数调用

C 语言中，函数调用的形式为：

　　　函数名(实际参数表)

对无参数函数调用时则无实际参数表。实际参数表中的参数可以是常数、变量或其他构造类型数据及表达式。各实参之间用逗号分隔。

2. 函数调用的方式

在 C 语言中，可以用以下几种方式调用函数。

(1) 函数表达式：函数出现在表达式中，这种方式要求函数是有返回值的。例如 z = max(a, b)是一个赋值表达式，把 max 的返回值赋予变量 z。

(2) 函数语句：函数调用的一般形式加上分号即构成函数语句，例如 printf ("%d",a);和例 8-3 中的 print_star()等都是以函数语句的方式调用函数。

(3) 函数实参：函数作为另一个函数调用的实际参数出现。这种情况是把该函数的返回值作为实参进行传送，因此要求该函数必须是有返回值的，例如 printf("%d",max(x,y));。

【例 8-5】 输入两个实数，用一个函数求出它们之和。

程序代码：

```
#include <stdio.h>
int main()
{
    float add(float x, float y);              /*函数说明*/
    float a,b,c;
    printf("Please enter a and b:");
    scanf("%f,%f",&a,&b);
    c=add(a,b);
    printf("sum is %f\n",c);
    return 0;
}
float add(float x,float y)
{
```

```
        float z;
        z=x+y;
        return(z);
    }
```

程序运行结果如图 8-5 所示。

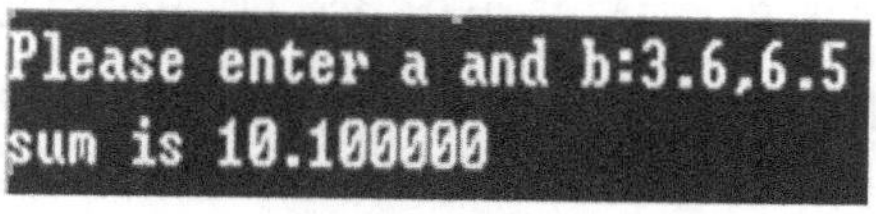

图 8-5　例 8-5 程序运行结果

(五) 被调用函数的说明和函数原型

1. 被调用函数的说明

在主调函数中调用某函数之前应对该被调函数进行说明(声明)，这与使用变量之前要先进行变量说明是一样的。在主调函数中对被调函数作说明的目的是使编译系统知道被调函数返回值的类型，以便在主调函数中按此种类型对返回值作相应的处理。

一般形式为：

　　　　函数类型　函数名(类型　形参, 类型　形参, …);

或

　　　　函数类型　函数名(类型, 类型, …);

括号内给出了形参的类型和形参名，或只给出形参类型。这便于编译系统进行检错，以防止可能出现的错误。例如：int max(int x,int y); 或 int max(int,int)；void print_star()和 void print_message()都是函数说明。

C 语言中，在以下几种情况下可以省去函数说明。

(1) 如果被调函数的返回值是整型或字符型时，可以不对被调函数作说明而直接调用，这时系统将自动对被调函数返回值按整型处理。

(2) 当被调函数的函数定义出现在主调函数之前时，在主调函数中也可以不对被调函数再作说明而直接调用。如例 8-4 中，函数 min 的定义放在 main 函数之前，因此可在 main 函数中省去对 min 函数的函数说明 int min(int x,int y)。

(3) 如果在所有函数定义之前，在函数外预先说明了各个函数的类型，则在以后的各主调函数中，可不再对被调函数作说明。例如：

```
        char str(int a);
        float f(float b);
        int main()
        {
            ……
        }
        char str(int a)
        {
            ……
```

```
    }
    float f(float b)
    {
        ……
    }
```

其中第一、二行对 str 函数和 f 函数预先作了说明。因此在以后各函数中无须对 str 和 f 函数再作说明就可直接调用。

(4) 对库函数的调用不需要再作说明，但必须把该函数的头文件用 include 命令包含在源文件前面。

2. 函数原型

被调函数的说明形式称为函数原型(函数的首部)。如例 8-5 中的 float add(float x, float y)。

二、基本应用

通过例题掌握自定义函数的执行过程。

【例 8-6】 写两个函数，分别求两个整数的最大公约数和最小公倍数，用主函数调用这两个函数，并输出结果(两个整数由键盘输入)。

方法一：自定义函数在主程序之前未说明其函数首部，调用时需在主函数 main()中变量定义之前对自定义函数首部进行说明。

程序代码：

```
#include <stdio.h>
int main()
{
    int hcf(int,int);             //函数说明
    int lcd(int,int,int);         //函数说明
    int u,v,h,l;
    scanf("%d,%d",&u,&v);
    h=hcf(u,v);
    printf("H.C.F=%d\n",h);
    l=lcd(u,v,h);
    printf("L.C.D=%d\n",l);
    return 0;
}

int hcf(int u,int v)
{
    int t,r;
    if (v>u){t=u;u=v;v=t;}
    while ((r=u%v)!=0)
```

```
        {
            u=v;
            v=r;
        }
        return(v);
    }


    int lcd(int u,int v,int h)
    {
        return(u*v/h);
    }
```

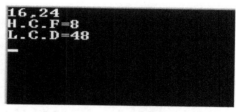

程序运行结果如图 8-6 所示。

图 8-6　例 8-6 方法一程序运行结果

　　在这里定义了两个函数 hcf 和 lcd，分别用于求两个整数的最大公约数和最小公倍数，用主函数 main 调用这两个函数计算并输出结果。

　　方法二：函数 hcf 和 lcd 的首部说明如果放在 main()主函数前面，则在后面程序中将不再说明。
　　程序代码：

```
#include <stdio.h>
int hcf(int,int);            //外部函数说明(声明)
int lcd(int,int,int);        //外部函数说明(声明)
void main()
{
    int u,v,h,l;
    scanf("%d,%d",&u,&v);
    h=hcf(u,v);
    printf("H.C.F=%d\n",h);
    l=lcd(u,v,h);
    printf("L.C.D=%d\n",l);
}


int hcf(int u,int v)
{
    int t,r;
    if (v>u){t=u;u=v;v=t;}
    while ((r=u%v)!=0)
```

```
        {
            u=v;
            v=r;
        }
        return(v);
    }
    int lcd(int u,int v,int h)
    {
        return(u*v/h);
    }
```

任务 2　函数的嵌套调用和递归调用

　　C 语言不允许作嵌套的函数定义，但允许函数之间的相互调用。我们把一个函数调用另一个函数的过程称为嵌套调用(或间接递归调用)，函数自己调用自己的过程称为直接递归，其关系表示如图 8-7 所示。

一、函数的嵌套调用

　　函数的嵌套调用的关系可表示如图 8-7 所示。

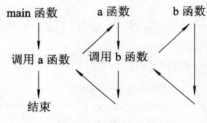

　　图 8-7 中表示了两层嵌套的情形。其执行过程是：执行 main 函数→调用 a 函数→转去执行 a 函数→在 a 函数中调用 b 函数→又转去执行 b 函数→b 函数执行完毕返回 a 函数的断点继续执行→a 函数执行完毕返回 main 函数的断点继续执行。

图 8-7　函数嵌套调用

　　【例 8-7】　计算 $s = 2^2! + 3^2!$。

　　分析：可以编写两个函数，一个用来计算平方值的函数 f1，另一个用来计算阶乘值的函数 f2。主函数先调 f1 计算出平方值，再在 f1 中调用 f2 计算其阶乘值，然后返回 f1，再返回主函数，在循环程序中计算累加和。

　　程序代码：

```
    long f1(int p)                /*计算平方值的函数 f1*/
    {
        int k;
        long r;
        long f2(int);
        k=p*p;
        r=f2(k);
        return r;
    }
    long f2(int q)                /*计算阶乘值的函数 f2*/
```

```
    {
        long c=1;
        int i;
        for(i=1;i<=q;i++)
        c=c*i;
        return c;
    }
    #include<stdio.h>
    void main()
    {
        int i;
        long s=0;
        for (i=2;i<=3;i++)
        s=s+f1(i);
        printf("\ns=%ld\n",s);
    }
```

程序运行结果如图 8-8 所示。

图 8-8　例 8-7 程序运行结果

即时通

(1)　f1 中的 long f2(int)是函数说明。main()中没有 f1 说明，因 f1 在 main()之前。

(2)　执行过程：main()→f1→f2→f1→main()→结束。

(3)　注意#include<stdio.h>的位置。

二、函数的递归调用

一个函数在它的函数体内调用它自身称为递归调用，这种函数称为递归函数。C 语言允许函数的递归调用。在递归调用中，主调函数又是被调函数。执行递归函数将反复调用其自身，每调用一次就进入新的一层，递归调用体现了算法的技巧性和规律性。例如有函数 f 如下：

```
    int f(int x)
    {
        int y;
        z=f(y);
        return z;
    }
```

递归调用必须要有结束条件，否则递归调用就不会停止。递归调用是层层调用，结束时逐层返回。

【例 8-8】　有 5 个人坐在一起，问第五个人多少岁？他说比第四个人大 2 岁。问第四个人多少岁？他说比第三个人大 2 岁。问第三个人多少岁？他说比第二个人大 2 岁。问第二个人多少岁？他说比第一个人大 2 岁。问第一个人多少岁？他说是 12 岁。求第五个人的年龄。

　　分析：要知道第五个人多少岁，就必须先知道第四个人多少岁，要知道第四个人多少岁，就必须先知道第三个人多少岁，要知道第三个人多少岁，就必须先知道第二个人多少岁，最后，第二个人的年龄取决于第一个人的年龄。可以表示为：

$$age(5) = age(4) + 2$$
$$age(4) = age(3) + 2$$
$$age(3) = age(2) + 2$$
$$age(2) = age(1) + 2$$
$$age(1) = 12$$

　　方法一：用函数嵌套(间接递归)编程。

　　程序代码：

```c
#include<stdio.h>
int main()
{
    int age4(int);
    int y5;
    y5=age4(4)+2;
    printf("age=%d",y5);
    return 0;
}
int age4(int x)
{
    int age3(int);
    int y4;
    y4=age3(3)+2;
    return(y4);
}
int age3(int x)
{
    int age2(int);
    int y3;
    y3=age2(2)+2;
    return(y3);
}
int age2(int x)
{
    int age1(int);
    int y2;
```

```
        y2=age1(1)+2;
        return(y2);
    }
    int age1(int x)
    {
        int y1;
        y1=12;
        return(y1);
    }
```

程序运行结果如图 8-9 所示。

图 8-9　例 8-8 方法一程序运行结果

即时通

(1) 方法一是采用函数嵌套(间接递归)的方法, 此方法比较直观, 便于学习理解, 但程序较长、灵活性差。

(2) 仔细观察方法一, 函数结构相似, 具备递归调用条件。

方法二: 递归程序。
通过分析可以得到以下表达式:

$$\begin{cases} age(n) = 12 & (n = 1) \\ age(n) = age(n-1) + 2 & (n > 1) \end{cases}$$

递归程序如下所示:

```
#include<stdio.h>
int age(int n)
{
    int a;
    if (n==1) a=12;
        else a=age(n-1)+2;
    return(a);
}
void main()
{
    int x,y;
    scanf("%d",&x);
```

```
        y=age(x);
        printf("age=%4d",y);
        return;
    }
```

程序运行结果如图 8-10 所示。

图 8-10　例 8-8 方法二程序运行结果

即时通

(1) 此程序灵活、通用，可以计算 5、6、7、……的年龄。递归程序关键在于递归过程和递归结束的条件。

(2) 注意#include<stdio.h>的位置。

【例 8-9】 用递归法计算 $n!$。

用递归法计算 $n!$ 可用下述公式表示：

$$n!=\begin{cases} 1 & (n=0,1) \\ n\times(n-1)! & (n>1) \end{cases}$$

按公式可以编制递归程序如下所示：

```
#include<stdio.h>
long ff(int n)
{
    long f;
    if(n<0) printf("n<0,input error");
        else if(n==0||n==1) f=1;
                else f=ff(n-1)*n;
    return(f);
}
int main()
{
    int n;
    long y;
    printf("\ninput a inteager number:\n");
    scanf("%d",&n);
    y=ff(n);
    printf("%d!=%ld",n,y);
```

```
        return 0;
    }
```
程序运行结果如图 8-11 所示。

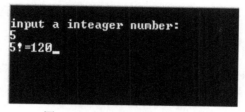

图 8-11　例 8-9 程序运行结果

即时通

(1) 比较例 8-8 和例 8-9 中的递归程序发现，递归程序结构基本相似。

(2) 注意 #include<stdio.h> 的位置。

【例 8-10】　典型的问题——Hanoi(汉诺)塔问题。这是一个古典数学问题，问题是这样的：古代有一个梵塔，塔内有 A、B、C 三个座(后面用三根针表示)。假设一块板上有 A、B、C 三根针。A 针上套有 64 个大小不等的圆盘，大的在下、小的在上。要把这 64 个圆盘从 A 针移动到 C 针上，每次只能移动一个圆盘，移动可以借助 B 针进行。但在任何时候，任何针上的圆盘都必须保持大盘在下、小盘在上。求移动的步骤。本题算法分析如下：

设 A 上有 *n* 个盘子。

■ 如果 *n* = 1，则将圆盘从 A 直接移动到 C。

■ 如果 *n* = 2，则：

① 将 A 上的 *n* – 1(等于 1)个圆盘移到 B 上；

② 再将 A 上的一个圆盘移到 C 上；

③ 最后将 B 上的 *n* – 1(等于 1)个圆盘移到 C 上。

■ 如果 *n* = 3，则：

A. 将 A 上的 *n* – 1(等于 2，令其为 *n*′)个圆盘移到 B(借助于 C)，步骤如下：

① 将 A 上的 *n*′ – 1(等于 1)个圆盘移到 C 上。

② 将 A 上的一个圆盘移到 B。

③ 将 C 上的 *n*′ – 1(等于 1)个圆盘移到 B。

B. 将 A 上的一个圆盘移到 C。

C. 将 B 上的 *n* – 1(等于 2，令其为 *n*′)个圆盘移到 C(借助 A)，步骤如下：

① 将 B 上的 *n*′ – 1(等于 1)个圆盘移到 A。

② 将 B 上的一个圆盘移到 C。

③ 将 A 上的 *n*′ – 1(等于 1)个圆盘移到 C。

到此，完成了三个圆盘的移动过程。

从上面分析可以看出，当 *n* 大于等于 2 时，移动的过程可分解为三个步骤：

第一步，把 A 上的 *n* – 1 个圆盘移到 B 上；

第二步，把 A 上的一个圆盘移到 C 上；

第三步，把 B 上的 $n-1$ 个圆盘移到 C 上。

其中第一步和第三步是类同的。

当 $n=3$ 时，第一步和第三步又分解为类同的三步，即把 $n'-1$ 个圆盘从一个针移到另一个针上，这里的 $n'=n-1$，显然是一个递归过程，据此算法可进行如下编程。

程序代码：

```
#include<stdio.h>
void move(int n,int x,int y,int z)
{
    if(n==1) printf("%c-->%c\n",x,z);
     else {
          move(n-1,x,z,y);
          printf("%c-->%c\n",x,z);
          move(n-1,y,x,z);
          }
}
void main()
{
    int h;
    printf("\ninput number:\n");
    scanf("%d",&h);
    printf("the step to moving %2d diskes:\n",h);
    move(h,'a','b','c');
}
```

程序运行结果如图 8-12 所示。

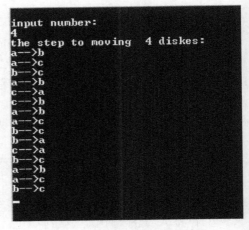

图 8-12　例 8-10 程序运行结果

即时通

(1) 程序中的 move 函数是一个递归函数，它有四个形参 n、x、y、z。n 表示圆盘数，x、y、z 分别表示三根针。move 函数的功能是把 x 上的 n 个圆盘移动到 z 上。当 n==1 时，直接把 x 上的圆盘移至 z 上，输出 x→z。如果 n≠1 则分为三步：递归调用 move 函数，把 $n-1$ 个圆盘从 x 移到 y，输出 x→z；递归调用 move 函数，把 $n-1$ 个圆盘从 y 移到 z。在递归调用过程中 $n=n-1$，故 n 的值逐次递减，最后 n=1 时，终止递归，逐层返回。

(2) 注意#include<stdio.h>的位置。

任务 3　数组作为函数参数

数组可以作为函数的参数使用，进行数据传送。一种是把数组元素(下标变量)作为实参使用；另一种是把数组名作为函数的形参和实参使用。

一、数组元素作函数实参

数组元素就是下标变量，它与普通变量一样。

【例 8-11】 判别一个整数数组中各元素的值，若大于 0 则输出该值，若小于等于 0 则输出 0 值。

程序代码：

```
#include<stdio.h>
void nzp(int v)
{
    if(v>0)   printf("%4d ",v);
        else   printf("%4d ",0);
}
void main()
{
    int a[5],i;
    printf("input 5 numbers\n");
    for(i=0;i<5;i++)
    {
        scanf("%d",&a[i]);
        nzp(a[i]);}
}
```

本程序中首先定义一个无返回值函数 nzp，并说明其形参 v 为整型变量。在函数体中根据 v 值输出相应的结果。在 main 函数中用一个 for 语句输入数组各元素，每输入一个就以该元素作实参调用一次 nzp 函数，即把 a[i] 的值传送给形参 v，供 nzp 函数使用。

二、数组名作为函数参数

可以用数组名作为函数参数，此时，实参和形参都要用数组名。

【例 8-12】 数组 a 中存放了一个学生 5 门课程的成绩，求其平均成绩。

程序代码：

```
#include<stdio.h>
float aver(float a[5])
{
    int i;
    float av,s=a[0];
    for(i=1;i<5;i++)
        s=s+a[i];
        av=s/5.0;
    return av;
}
```

```
void main()
{
    float sco[5],av;
    int i;
    printf("\ninput 5 scores:\n");
    for(i=0;i<5;i++)
        scanf("%f",&sco[i]);
    av=aver(sco);
    printf("average score is %5.2f",av);
}
```

程序运行结果如图 8-13 所示。

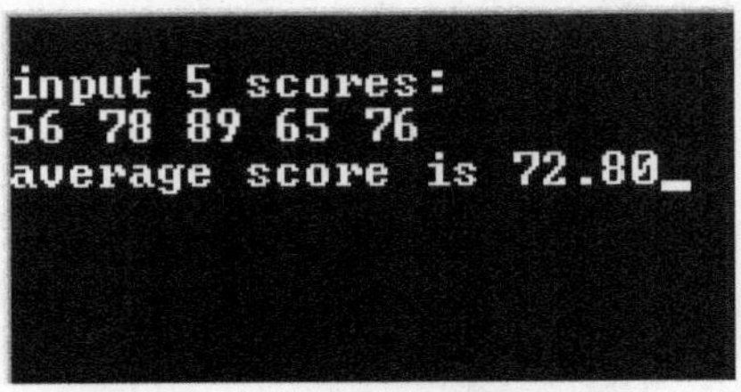

图 8-13　例 8-12 程序运行结果

 即时通

　　形参变量和实参变量是由编译系统分配的两个不同的内存单元。在用数组名作函数参数时，不是进行值的传送，因为编译系统不为形参数组分配内存，因为数组名是数组的首地址。因此在数组名作函数参数时所进行的传送只是地址的传送，把实参数组的首地址赋予形参数组名。形参数组名取得该首地址之后，也就等于有了实际的数组。实际上是形参数组和实参数组为同一数组，共同拥有一段内存空间。

	a[0]	a[1]	a[2]	a[3]	a[4]	a[5]	a[6]	a[7]	a[8]	a[9]
起始地址 2000	2	4	6	8	10	12	14	16	18	20
	b[0]	b[1]	b[2]	b[3]	b[4]	b[5]	b[6]	b[7]	b[8]	b[9]

【例 8-13】　判别一个整数数组中各元素的值，若大于 0 则输出该值，若小于等于 0 则输出 0 值，改用数组名作函数参数编程。

方法一：实际参数数组元素与形式参数数组元素相同的情况。

程序代码：

```
#include<stdio.h>
void nzp(int a[5])
{
    int i;
    printf("\nvalues of array a are:\n");
    for(i=0;i<5;i++)
    {
        if(a[i]<0) a[i]=0;
            printf("%4d ",a[i]);
    }
}
```

```
    void main()
    {
        int b[5],i;
        printf("\ninput 5 numbers:\n");
        for(i=0;i<5;i++)
            scanf("%d",&b[i]);
        printf("initial values of array b are:\n");
        for(i=0;i<5;i++)
            printf("%4d ",b[i]);
        nzp(b);
        printf("\nlast values of array b are:\n");
        for(i=0;i<5;i++)
            printf("%4d ",b[i]);
    }
```

即时通

(1) 形参数组和实参数组的类型必须一致，否则将引起错误。

(2) 形参数组和实参数组的长度可以不相同，因为在调用时，只传送首地址而不检查形参数组的长度。

(3) 因函数 nzp 中有 printf()函数，#include<stdio.h>必须放在 nzp 之前。

方法二：形式参数数组元素多于实际参数数组元素的情况下，由于在进行数据传递时，形参与实参公用存储单元(地址传递)，形式参数由实际参数决定，形式参数数组中多余的元素无用。

程序代码：

```
    #include<stdio.h>
    void nzp(int a[8])
    {
        int i;
        printf("\nvalues of array aare:\n");
        for(i=0;i<8;i++)
        {
            if(a[i]<0)a[i]=0;
            printf("%d ",a[i]);
        }
    }
    void main()
    {
        int b[5],i;
```

```
    printf("\ninput 5 numbers:\n");
    for(i=0;i<5;i++)
        scanf("%d",&b[i]);
    printf("initial values of array b are:\n");
    for(i=0;i<5;i++)
        printf("%d ",b[i]);
    nzp(b);
    printf("\nlast values of array b are:\n");
    for(i=0;i<5;i++)
        printf("%d ",b[i]);
}
```

即时通

例 8-13 方法二中，数组 a 的元素 a[5]、a[6]、a[7]显然是无意义的。

方法三：形式参数没有定义元素个数时，由于在进行数据传递时，形参与实参公用存储单元(地址传递)，形式参数由实际参数决定。

程序代码：

```
#include<stdio.h>
void nzp(int a[],int n)
{
    int i;
    printf("\nvalues of array a are:\n");
    for(i=0;i<n;i++)
    {
        if(a[i]<0) a[i]=0;
        printf("%d ",a[i]);
    }
}
void main()
{
    int b[5],i;
    printf("\ninput 5 numbers:\n");
    for(i=0;i<5;i++)
        scanf("%d",&b[i]);
    printf("initial values of array b are:\n");
    for(i=0;i<5;i++)
        printf("%d ",b[i]);
```

```
        nzp(b,5);
        printf("\nlast values of array b are:\n");
        for(i=0;i<5;i++)
            printf("%d ",b[i]);
    }
```

即时通

例 8-13 方法三中 nzp 函数形参数组 a 没有给出长度，由 n 动态确定该长度。在 main 函数中，函数调用语句为 nzp(b，5)，其中实参 5 将赋予形参 n 作为形参数组的长度。

多维数组也可以作为函数的参数。在函数定义时对形参数组可以指定每一维的长度，也可省去第一维的长度。因此，以下写法都是合法的。

```
        int ma(int a[3][10]);
```

或

```
        int ma(int a[][10]);
```

任务 4　局部变量和全局变量

C 语言中的变量，按作用域范围(有效范围)可分为两种，即局部变量和全局变量。

一、局部变量

局部变量也称为内部变量。局部变量是在函数内作定义说明的，其作用域仅限于函数内，离开该函数后再使用这种变量是非法的。

例如：

```
        int f1(int a)                   /*函数 f1*/
        {
            int b,c;
        ……
        }
```

局部变量 a, b, c 在 f1 有效。

```
        #include<stdio.h>
        void main()
        {
            int m,n;
            ……
        }
```

局部变量 m，n 在 main 中有效。

关于局部变量的作用域说明如下：

(1) 主函数中定义的变量也只能在主函数中使用，不能在其他函数中使用。同时，主函数中也不能使用其他函数中定义的变量。

(2) 形参变量是属于被调函数的局部变量，实参变量是属于主调函数的局部变量。

(3) 允许在不同的函数中使用相同的变量名，它们代表不同的对象，分配不同的单元，互不干扰，也不会发生混淆。

(4) 在复合语句中也可定义变量，其作用域只在复合语句范围内。

例如：以下程序中的 k 是不同的两个变量。

```c
#include<stdio.h>
void main()
{
    int i=2,j=3,k;
    k=i+j;
    {
        int k=8;
        printf("%d\n",k);
    }
    printf("%d%d\n",i,k);
    return;
}
```

即时通

复合语句内定义的变量 k 的作用域是在复合语句内，并赋初值为 8。在复合语句外由 main 定义的 k 的作用域在复合语句之外，并赋值为 5。

二、全局变量

全局变量也称为外部变量，它是在函数外部定义的变量。它不属于哪一个函数，它属于一个源程序文件，其作用域是整个源程序。在函数中使用全局变量，一般应作全局变量说明。只有在函数内经过说明的全局变量才能使用。全局变量的说明符为 extern。但在一个函数之前定义的全局变量，在该函数内使用可不再加以说明。

例如：

```c
int a,b;                /*外部变量*/
void f1()               /*函数 f1*/
{
  ……
}
float x,y;              /*外部变量*/
int fz()                /*函数 fz*/
```

```
    {
        ……
    }
#include<stdio.h>
void main()                    /*主函数*/
    {
        ……
    }
```

从上例可以看出 a、b、x、y 都是在函数外部定义的外部变量，都是全局变量。但 x、y 定义在函数 f1 之后，而在 f1 内又无对 x、y 的说明，所以它们在 f1 内无效。a、b 定义在源程序最前面，因此在 f1、f2 及 main 内不加说明也可使用。

【例 8-14】 输入正方体的长宽高 l、w、h。求体积及三个面 x*y、x*z、y*z 的面积。
程序代码：

```
#include<stdio.h>
int s1,s2,s3;
int vs( int a,int b,int c)
{
    int v;
    v=a*b*c;
    s1=a*b;
    s2=b*c;
    s3=a*c;
    return v;
}
int main()
{
    int v, l, w, h;
    printf("\ninput length,width and height\n");
    scanf("%d%d%d", &l, &w, &h);
    v=vs(l, w, h);
    printf("\nv=%d, s1=%d, s2=%d, s3=%d\n", v, s1, s2, s3);
    return 0;
}
```

【例 8-15】 外部变量与局部变量同名。
程序代码：

```
#include<stdio.h>
int a=3,b=5;            /*a,b 为外部变量*/
max(int a,int b)        /*a,b 为外部变量*/
{
```

```
        int c;
        c=a>b?a:b;
        return(c);
    }
    void main()
    {
        int a=8;
        printf("%d\n",max(a,b));
    }
```

如果同一个源文件中，外部变量与局部变量同名，则在局部变量的作用范围内，外部变量被"屏蔽"，即它不起作用。

任务 5　变量的存储类别

根据变量的存储特性，C 语言把变量分为六种，掌握它们有助于编写高质量的程序。

一、动态存储方式与静态存储方式

从变量的作用域(即从空间)角度来分，变量可以分为全局变量和局部变量。从另一个角度，即从变量值存在的时间(即生存期)角度来分，可以分为静态存储方式和动态存储方式。静态存储方式是指在程序运行期间分配固定的存储空间的方式。动态存储方式是指在程序运行期间根据需要进行动态的分配存储空间的方式。

用户存储空间可以分为三个部分：

(1) 程序区；

(2) 静态存储区；

(3) 动态存储区。

全局变量全部存放在静态存储区，在程序开始执行时给全局变量分配存储区，程序运行完毕就释放。在程序的执行过程中，它们占据固定的存储单元，而不动态地进行分配和释放。

动态存储区存放以下数据：

(1) 函数形式参数；

(2) 自动变量(未加 static 声明的局部变量)；

(3) 函数调用时的现场保护和返回地址。

对以上这些数据，在函数开始调用时分配动态存储空间，函数结束时释放这些空间。在 C 语言中，每个变量和函数有两个属性：即数据类型和数据的存储类别。

二、auto(自动)变量

函数中的局部变量，若不专门说明为静态(static)存储类别，则都是动态地分配存储空间的，数据存储在动态存储区中。函数中的形参和在函数中定义的变量(包括在复合语句中定义的变量)都属此类，在调用该函数时系统会给它们分配存储空间，在函数调用结束时就自动释放这些存储空间。这类局部变量称为自动变量。自动变量用关键字 auto 作存储类别的说明。

例如：

```
int f(int a)                /*定义 f 函数，a 为参数*/
{
    auto int b,c=3;         /*定义 b，c 自动变量*/
    ……
}
```

a 是形参，b、c 是自动变量，对 c 赋初值 3。执行完 f 函数后，自动释放 a、b、c 所占的存储单元。

关键字 auto 可以省略，auto 不写则隐含定义为"自动存储类别"，属于动态存储方式。

三、用 static(静态)说明局部变量

有时希望函数中的局部变量的值在函数调用结束后不消失而保留原值，这时就应该指定局部变量为"静态局部变量"，用关键字 static 进行说明。

【例 8-16】 考察静态局部变量的值。

程序代码：

```
#include<stdio.h>
int f(int a)
{   auto b=0;
    static c=3;
    b=b+1;
    c=c+1;
    return(a+b+c);
}
void main()
{
    int a=2,i;
    for(i=0;i<3;i++)
    printf("%d",f(a));
}
```

对静态局部变量的说明：

(1) 静态局部变量属于静态存储类别，在静态存储区内分配存储单元。在程序整个运行期间都不释放。而自动变量(即动态局部变量)属于动态存储类别，占动态存储空间，函数调用结束后即释放。

(2) 静态局部变量在编译时赋初值，即只赋初值一次；而对自动变量赋初值是在函数调用时进行，每调用一次函数重新给一次初值，相当于执行一次赋值语句。

(3) 如果在定义局部变量时不赋初值的话，则对静态局部变量来说，编译时自动赋初

值 0(对数值型变量)或空字符(对字符变量)。而对自动变量来说,如果不赋初值则它的值是一个不确定的值。

【例 8-17】 打印 1 到 5 的阶乘值。

程序代码:

```
#include<stdio.h>
int fac(int n)
{
    static int f=1;
    f=f*n;
    return(f);
}
void main()
{
    int i;
    for(i=1;i<=5;i++)
    printf("%d!=%d\n",i,fac(i));
}
```

四、register(寄存器)变量

为了提高效率,C 语言允许将局部变量的值放在 CPU 中的寄存器中,这种变量叫"寄存器变量",用关键字 register 作说明。

【例 8-18】 使用寄存器变量。

程序代码:

```
#include<stdio.h>
int fac(int n)
{   register int i,f=1;
    for(i=1;i<=n;i++)
        f=f*i
    return(f);
}
void main()
{
    int i;
    for(i=0;i<=5;i++)
    printf("%d!=%d\n",i,fac(i));
}
```

对寄存器变量的说明:

(1) 只有局部自动变量和形式参数可以作为寄存器变量;

(2) 一个计算机系统中的寄存器数目有限，不能定义任意多个寄存器变量；

(3) 局部静态变量不能定义为寄存器变量。

五、extern 说明(声明)外部变量

外部变量(即全局变量)是在函数的外部定义的，它的作用域为从变量定义处开始，到本程序文件的末尾。如果外部变量不在文件的开头定义，其有效的作用范围只限于定义处到文件终了。如果在定义点之前的函数想引用该外部变量，则应该在引用之前用关键字 extern 对该变量作"外部变量说明"。表示该变量是一个已经定义的外部变量。有了此说明，就可以从"说明"处起，合法地使用该外部变量。

【例 8-19】 用 extern 说明外部变量，扩展程序文件中的作用域。

程序代码：

```
#include<stdio.h>
int max(int x, int y)
{    int z;
     z=x>y?x:y;
     return(z);
}
void main()
{
     extern A,B;
     printf("%d\n", max(A, B));
}
int A=13,B=-8;
```

说明：在本程序文件的最后 1 行定义了外部变量 A、B，但由于外部变量定义的位置在函数 main 之后，因此本来在 main 函数中不能引用外部变量 A、B。现在我们在 main 函数中用 extern 对 A 和 B 进行"外部变量说明"，就可以从"说明"处起，合法地使用该外部变量 A 和 B。

小　　结

本项目理论上介绍的是函数，实质是学习子程序的应用，主程序与子程序之间的关键是参数传递，子程序应用的作用一方面是简化主程序，实现模块化编程，另一方面是减少程序重复书写现象。

实　训　题

1. 选择题。

(1) 函数调用：strcat(strcpy(str1,str2),str3)的功能是_____。

A. 将串 str1 复制到串 str2 中后再连接到串 str3 之后

B. 将串 str1 连接到串 str2 之后再复制到串 str3 之后

C. 将串 str2 复制到串 str1 中后再将串 str3 连接到串 str1 之后

D. 将串 str2 连接到串 str1 之后再将串 str1 复制到串 str3 中

(2) 若有以下调用语句，则正确的 fun 函数首部是_____。

```
#include<stdio.h>
void main()
{
    ⋮
    int a;float x;
    ⋮
    fun(x,a);
    ⋮
}
```

A. void fun(int m,float x)　　　　　　　B. void fun(float a,int x)

C. void fun(int m,float x[])　　　　　　D. void fun(int x,float a)

(3) 有如下程序：

```
int func(int a,int b)
{ return(a+b); }
main()
{   int x=2,y=5,z=8,r;
    r=func(func(x,y),z);
    printf("%d\n",r);   }
```

该程序的输出结果是_____。

A. 12　　　　　　　　B. 13　　　　　　　C. 14　　　　　　　D. 15

(4) 函数 pi 的功能是根据以下近似公式求 π 的值：

$$(\pi*\pi) / 6 = 1 + 1/(2*2) + 1/(3*3) + \cdots + 1/(n*n)$$

请你在下面程序中的划线部分填入_____，完成求 π 的功能。

```
#include   "math.h"
double pi(long n)
{   double s=0.0; long i;
    for(i=1;i<=n;i++) s=s+_____;
    return (sqrt(6*s));   }
```

A. 1.0/i/i　　　　　　B. 1.0/i*i　　　　　C. 1/(i*i)　　　　　D. 1/i/i

(5) 在调用函数时，如果实参是简单变量，则它与对应形参之间的数据传递方式是_____。

A. 地址传递　　　　　　　　　　　B. 单向值传递

C. 由实参传给形参，再由形参传回实参　　D. 传递方式由用户指定

(6) 对于 C 语言的函数，下列叙述中正确的是_____。

A. 函数的定义不能嵌套，但函数调用可以嵌套

B. 函数的定义可以嵌套，但函数调用不能嵌套

C. 函数的定义和调用都不能嵌套

D. 函数的定义和调用都可以嵌套

(7) 函数 f 的功能是：测定字符串的长度，空白处应填入_____。

```
#include<stdio.h>
int f(char s[ ])
{   int i=0;
    while(s[i]!='\0') i++;
    return (_____);   }
void main( )
{ printf("%d\n",f("goodbye!")); }
```

A. i-1   B. i   C. i+1   D. s

(8) 若主调用函数类型为 double，被调用函数定义中没有进行函数类型说明，而 return 语句中的表达式类型为 float 型，则被调函数返回值的类型是_____。

A. int 型   B. float 型

C. double 型   D. 由系统当时的情况而定

(9) 以下叙述中，错误的是_____。

A. 函数未被调用时，系统将不为形参分配内存单元

B. 实参与形参的个数应相等，且类型相同或赋值兼容

C. 实参可以是常量、变量或表达式

D. 形参可以是常量、变量或表达式

(10) 以下叙述中，不正确的是_____。

A. 在同一 C 程序文件中，不同函数中可以使用同名变量

B. 在 main 函数体内定义的变量是全局变量

C. 形参是局部变量，函数调用完成即失去意义

D. 若同一文件中全局变量和局部变量同名，则全局变量在局部变量作用范围内不起作用

2. 程序改错题。

下列给定程序中，函数 fun 的功能是：用选择法对数组中的 n 个元素按从小到大的顺序进行排序。请改正程序中的错误，使程序能得出正确的结果。注意，不要改动 main 函数，不得增行或删行，也不得更改程序的结构。

程序如下：

```
#include <stdio.h>
#define N 20
void fun(int a[],int n)
{
    int i,j,t,p;
    for (j=0;j<n-1;j++)
```

```
    {
        p=j;
        for (i=j;i,n;i++)
        if (a[i]<a[p])
        p=j;
        t=a[p];a[p]=a[j];a[j]=t;
    }
}
main()
{
    int a[N]={9,6,8,3,-1},i,m=5;
    printf("排序前的数据：");
    for (i=0;i<m;i++)
    printf("%d",a[i]);printf("\n");
    fun(a,m);
    printf("排序后的数据：");
    for (i=0;i<m;i++)
    printf("%d",a[i]);printf("\n");
}
```

3. 编程题。

(1) 在主函数中键盘输入一行小写英文字母，然后编写一个函数来实现以下功能：

① 统计其中有多少种不同的字母；

② 统计每种字母出现的次数。

最后在主函数中打印结果。

(2) 在主函数中输入 10 个等长的字符串，然后编写一个函数对它们排序。最后在主函数中输出这 10 个已排好序的字符串。

(3) 输入 m 个整数，将其中最大的数与第一个数对换，把最小的数与最后一个数对换。要求编写 3 个函数：

① 输入 10 个整数；

② 进行处理；

③ 输出 10 个整数；

由主函数调用这 3 个函数。

(4) 已知有 30 个正整数，用函数求其中的素数，并将这些素数从大到小顺序输出。

(5) 用递归方法编程求 x^n 的值。

程序设计提高篇

项目九　指　　　针

【知识目标】
◆　理解和掌握指针的基本概念。
◆　熟练掌握各种类型指针变量的定义和赋值等操作。
◆　掌握指针的基本运算。

【能力目标】
◆　掌握指针变量使用的基本方法。
◆　在函数中正确运用指针变量传递参数。

【引例】
写一个 swap( )交换函数，要求把两个整型指针所指的整型变量进行交换。

任务 1　变量的地址与指针

　　指针是 C 语言程序中最重要的组成部分之一，是 C 语言中最具特色的一种数据类型，它是 C 语言的核心、精髓所在。

　　利用指针编写的程序，在调用函数时可以通过指针变量或数据结构，实现数据的双向通信。指针一方面可以提高程序的编译效率和执行速度，实现内存的动态分配；另一方面可以使程序更加灵活，便于表示各种数据结构，提高程序质量。本章介绍了指针的基本概念、指针的运算、与指针相关的一些语句的语法形式和功能。

　　指针是 C 语言中广泛使用的一种数据类型，运用指针编写程序是 C 语言历久不衰的一个主要原因，学习指针的基础就是要弄清楚指针与变量地址之间的相关知识。

一、变量的地址

　　一个变量实质上代表了"内存中的某个存储单元"，那么 C 程序是怎么存取这个存储单元中的内容呢？计算机的内存是以字节为单位的一片连续的线性存储空间，每一个字节都有一个编号(从 0 开始编号)，这个编号就称为内存地址。

　　由于内存的存储空间是连续的，所以内存中的地址编号也是连续的，并且使用二进制表示。若在程序中定义了一个变量，C 编译系统就会根据变量的类型，为其在内存中分配一定字节数的存储空间(如：Win_TC 或 turbo C 编译环境下基本整型为 2 个字节，单精度实型为 4 字节，而在 VC 6.0 中基本整型为 4 个字节)，这样变量名与这个存储空间就对应起来了。

一般情况下，在程序中只需指出变量名，无需知道每个变量的具体地址，一个变量与具体存储单元的对应关系由 C 编译系统来完成。这种直接按变量的地址存取变量值的方式称为直接存取方式。

如图 9-1 所示，当在程序中定义一个基本整型(VC++)变量 m 和一个单精度实型变量 n 时，系统就会为 m 和 n 各自分配 4 个字节和 4 个字节的存储空间，并且规定该变量所分配的存储空间的第一个字节的编号就是该变量的地址。我们称 m 的地址为 1000，n 的地址为 2000(为了直观，这里用的是十进制)。

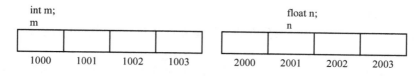

图 9-1　变量地址示意图

二、指针及指针变量

一个变量的内存地址称为该变量的指针。如果一个变量专门用来存放内存地址(即指针)，则称该变量是指针类型的变量(通常称之为指针变量)。

如图 9-2 所示，定义了一个整型变量 a 和指针变量 p，假设 a 的地址为 2000，若将变量 a 的地址存放于变量 p 中，这时要访问变量 a 所代表的存储单元，可以先找到变量 p，从中取出 a 的地址(2000)，然后再去访问以 2000 为首地址的存储单元。这种通过变量 p 间接得到了变量 a 的地址，然后再去存取变量 a 的值的方式称为间接存取方式，形象地叫做变量 p 指向了变量 a。这种"指向"关系是通过地址建立的，图中的"→"只是一种示意，看起来形似"指针"。用来存放地址的变量就称做"指针变量"，指针变量的值就是它所指向的变量的地址值，因此指针就是地址。这里的变量 p 就是一个指针变量，所以"变量 p 指向了变量 a"的是意思是指针变量 p 中存放了整型变量 a 的地址。需要注意的是，严格地说，一个指针就是一个地址，是一个常量；而一个指针变量却可以被赋予不同的指针值，指针的类型是由它所指向的变量的类型决定的。

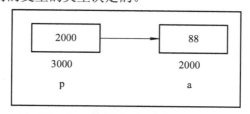

图 9-2　"间接存取方式"示意图

任务 2　指针变量的定义与引用

指针变量的定义与引用是指针在程序设计中应用的基石，因此本任务主要学习指针变量定义的方法和引用指针的方法，以及在指针引用时应该掌握的基本概念与技巧。

一、指针变量的定义

1. 基础知识

指针是一种数据类型，一样要遵循"先定义后使用"的规则。指针变量同普通变量一样，使用之前不仅要定义，而且必须赋予具体的值。未经赋值的指针变量不能使用。指针变量的赋值只能赋予地址，决不能赋予任何其他数据，否则将引起错误。在 C 语言中，变量的地址是由编译系统分配的，用户无需知道变量的具体地址。

定义指针变量的一般形式为

　　类型名　*标识符;

功能：定义了一个名为"标识符"的指针变量；该指针变量只可以保存类型为"类型名"的变量地址。

说明：每个变量名前的星号(*)是一个不可缺少的说明符，用来说明该变量是指针变量；"类型名"用来说明指针变量是指向该类型变量的指针。

例如：

　　int *pointer_1;

功能：定义了一个名为 pointer_1 的指针变量；该指针变量只可以保存 int 类型的变量地址。

为什么指针变量需有"类型名"？

一个指针变量中存放的是一个变量的地址，不同的数据类型所占用的存储空间是不一样的：字符类型占 1 个字节，基本整型占 4 个字节，单精度实型占 4 个字节，这就是数据类型不同的含义。更为重要的是，在后面涉及指针的移动运算时，指针移动的最小单位是一个存储单元而不是一个字节，因此数据类型不同的指针变量，所"跨越"的字节数是不同的，故指针变量必须区分数据类型。

2. 基本应用

【例 9-1】　下面以一个简单程序来说明指针变量的定义及应用。

程序代码：

```
#include<stdio.h>
int main( )
{
int a,b;
int *pointer_1, *pointer_2;      //定义了两个指针变量 pointer_1 pointer_2
a=100;b=10;
pointer_1=&a;                    //把整型变量 a 的地址赋值给指针变量 pointer_1
pointer_2=&b;
printf("%d,%d\n",a,b);
printf("%d,%d\n",*pointer_1, *pointer_2);
/* 输出指针变量 pointer_1，pointer_2 所指向的存储空间的数据值，即整型变量 a，b 的值   */
return 0;
}
```

程序运行结果如图 9-3 所示。

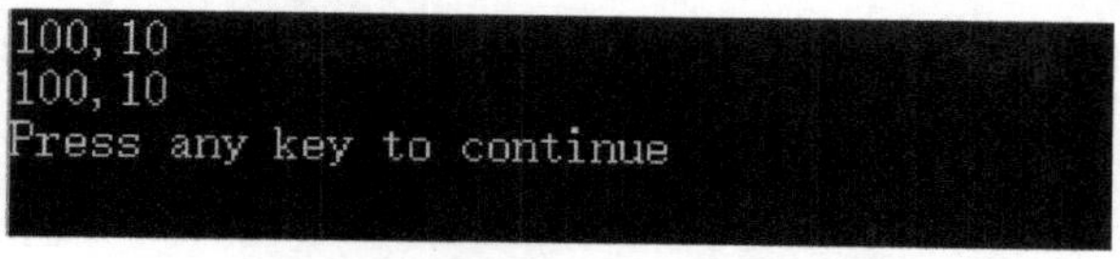

100, 10
100, 10
Press any key to continue

图 9-3　例 9-1 程序运行结果

即时通

在上面定义指针变量的时候，只是规定了指针变量 pointer_1, pointer_2 只能存放整型变量的地址，但是它们并未指向任何一个整型变量。语句“pointer_1=&a; pointer_2=&b;”的作用就是使 pointer_1 指向 a，pointer_2 指向 b，如图 9-4 所示。

pointer_1
a
&a
*pointer_1
pointer_2
b
&b
*pointer_2

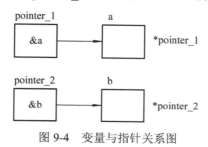

图 9-4　变量与指针关系图

二、指针变量的赋值

1. 基础知识

指针变量可以通过不同的“渠道”获得一个确定的地址值，从而指向一个具体的变量。一般而言，一个指针变量在未指向一个具体变量之前，是不能使用的。

(1) 通过取地址运算符(&)获得地址值。单目运算符“&”用来求出运算对象的地址，利用它可以把一个变量的地址赋值给指针变量。如“例 9-1”中的语句“pointer_1=&a；”就是把整型变量 a 的地址赋值给指针变量 pointer_1。在运用时要注意，“&” 的运算对象应该是与指针变量的数据类型相同的内存中的对象(变量或数组元素)，数组名本身就代表数组的首地址，因此无需进行“&”运算，可直接把数组名赋值给指针变量。

(2) 通过指针变量赋值获得地址值。赋值运算两边的指针变量需有相同数据类型。可以通过赋值运算，把一个指针变量的地址值赋值给另一个指针变量，从而使两个指针变量指向同一个地址(变量)。

(3) 通过标准函数获得地址值。可以通过调用库函数 malloc 和 calloc 在内存中动态开辟存储单元，并把所开辟的动态存储单元的地址赋给指针变量。需要注意的是，用于动态存储分配的函数，返回值的类型是“void *”。在具体使用时，要先进行强制类型转换，使之指向一个确定类型的变量。这里只需稍加了解，在后面的章节中会具体讲到。

(4) 给指针变量赋“空”值。为了保险起见，当一个指针变量不指向某一个具体的变量时，可以给它赋值为空，如 NULL、0、“\0”。

```
int *p;
p = NULL;
```

NULL 是在 "stdio.h" 头文件中的预定义符，因此在使用 NULL 时，应该在程序的前面包含头文件 "#include<stdio.h>"。实际上 NULL 的代码值为 0，当执行了以上的赋值语句后，称 p 为空指针。这时指针 p 并不是指向地址为 0 的存储单元，而是一个具有确定的值 "空" 的指针，当企图通过一个空指针去访问一个存储单元时，系统将会报错。

2. 基本应用

【例 9-2】　用指针方式打印变量的值。

程序代码：

```
#include<stdio.h>

int main( )

{

int i='a',j='b';

int *p1,*p2;    /*定义了两个指针变量 p1，p2 */

p1=&i;

p2=&j;

printf("(1)%d,%d\n",*p1,*p2);

/*输出指针变量 p1，p2 所指向的存储空间的数据值，即整型变量 a，b 的值*/

p2=p1;

printf("(2)%d,%d\n",*p1,*p2);

/*此时指针变量 p1, p2 均指向变量 a, 因此打印出来的值都是 97*/

return 0;

}
```

程序运行结果如图 9-5 所示。

```
(1)97,98
(2)97,97
Press any key to continue
```

图 9-5　例 9-2 程序运行结果

即时通

(1) 语句 "p1=&a; p2=&b;" 的作用如图 9-6 所示。

(2) 当执行 p2=p1 后，指针变量 p2 的值和 p1 相同，因此 p2 不再指向变量 j，而是 p1 同样指向变量 i 了，语句的效果如图 9-7 所示。

(3) 对于指针变量的引用(操作)，C 语言提供了一个称做 "间接访问运算符" 的单目运算符："*"。当指针变量中存放了一个确定的地址值时，就可以用 "间接访问运算符" 来引用相应的存储单元。*p1 的意思是取出指针 p1 所指向的变量 i 的存储空间中的值，此时*p1 等价于变量 i。

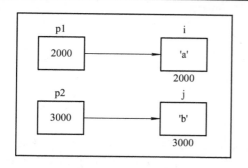

图 9-6 通过指针交换变量的数据

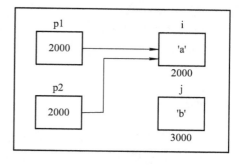

图 9-7 两个指针同时指向变量 i

三、指针基本要点总结

指针变量是专门用于存放变量地址的变量；通过"&变量名"可以获取变量的地址；"*指针"就如同变量本身；定义指针变量时要注意初始化，没有初始化的指针是危险的。

任务 3 指针变量作为函数参数

指针变量作为函数的参数为函数调用提供了极大的灵活性，可以在被调用函数中对形参所指向的对象进行操作，从而在被调用函数执行结束，形参消失后，将形参所指向对象的操作结果保留下来。

一、指针变量为函数的形式参数

C 语言以按值调用的方式将变量值单向传递给函数，因而被调用函数不能直接更改调用函数中变量的值。考虑以下问题：将输入的两个整数按从小到大的顺序输出，要求写成一个函数。这个问题如果不用函数处理，则没什么问题，如用函数形式处理，那么下面的程序无法实现这个功能。

【例 9-3】 输入的两个整数按从小到大的顺序输出，要求写成一个函数。

程序代码：

```c
#include <stdio.h>
void   swap(int x, int y)        /* 注意：错误定义的函数*/
{   int   temp;
    temp = x;
    x = y;
    y = temp;
}
int main( )
{
    int a,b;
    scanf("%d,%d",&a,&b);
```

```
if(a>b) swap(a,b);
printf("\n%d,%d\n",a,b);
return 0;
}
```

即时通

(1) swap 是用户定义的函数，它的作用是交换两个变量 x 和 y 的值。swap 函数的形参 x、y 是整型变量。程序运行时，先执行 main 函数，输入 a 和 b 的值，然后将 a 和 b 的值分别赋给形参变量 x 和 y，之后在 swap 函数中进行交换。

(2) C 语言中的参数，都是按单向值传递方式，将变量值传递给参数的，因此，swap 函数的作用仅仅是交换了形参 x 和 y 的值，并不能达到交换 a 和 b 的值的预想。因为 a、b、x、y 在内存中分别占用不同的存储空间，当形参与实参结合时，也就是把实际参数的值赋给形参(即 x=a；y=b；)，此外没有别的关系，如图 9-8 所示。

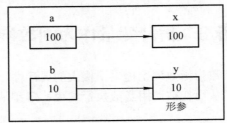

图 9-8　普通变量形参与实参在内存中的存储关系

(3) 执行 swap 函数后，x 和 y 的值的确交换了，但当 swap 执行完毕后，变量 x 和 y 不复存在了，而且它们的交换和 a、b 变量没有什么关系，所以无法达到预期的目的。

下面重写 swap 函数，如果要达到交换的目的，需要把 swap 函数的参数定义为指针类型。

程序代码：

```
#include<stdio.h>
void    swap(int *px, int *py)    /* 注意：正确定义的函数*/
{
    int    temp;
    temp = *px;
    *px = *py ;
    *py = temp;
}
int main( )
{
    int a,b;
    scanf("%d,%d",&a,&b);
```

```
    if(a>b) swap(&a,&b);
    printf("\n%d,%d\n",a,b);
    return 0;
}
```

程序运行结果如图 9-9 所示。

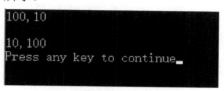

图 9-9　例 9-3 程序运行结果

即时通

(1) 该程序的执行过程与上面的程序一样。首先输入 a、b 的值，但是在这里 swap 的参数为指针类型，因此要求实际参数是一个地址值，所以当实参给形参赋值时，传递给形参的是变量 a 和 b 的地址，相当于 px=&a，py=&b。效果如图 9-10 所示。

(2) 接着执行 swap 函数的函数体使*px 和*py 的值互换，就是使 a 和 b 的值互换。效果如图 9-11 所示。最后在 main 函数中输出的 a 和 b 的值是已经过交换的值。

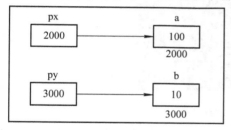
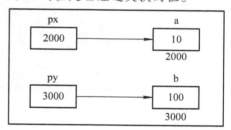

图 9-10　指针做参数与实参在内存中的存储　　图 9-11　通过指针作为参数真正交换了变量中数据

(3) 指针作为函数的形参时，要求实参用地址值，实现变量地址的传递，这种调用称为传址调用。它的特点是可以在被调用函数中通过改变形参的内容(即形参所指的变量的值)来改变调用函数中实参的值。这种传递既安全可靠，又可一次实现多个数据传递，也是常用的传递方式。

【例 9-4】　输入 a、b、c 三个整数，按大小顺序输出。

程序代码：

```
#include<stdio.h>
void swap(int *pt1,int *pt2)
{
    int temp;
    temp=*pt1;
     *pt1=*pt2;
     *pt2=temp;
```

```
    }
    void exchange(int *q1,int *q2,int *q3)
    {
        if(*q1<*q2) swap(q1,q2);
        if(*q1<*q3) swap(q1,q3);
        if(*q2<*q3) swap(q2,q3);
    }
    int main()
    {
    int a,b,c,*p1,*p2,*p3;
        scanf("%d,%d,%d",&a,&b,&c);
        p1=&a;p2=&b; p3=&c;
        exchange(p1,p2,p3);
        printf("\n%d,%d,%d \n",a,b,c);
        return 0;
    }
```

程序运行结果如图 9-12 所示。

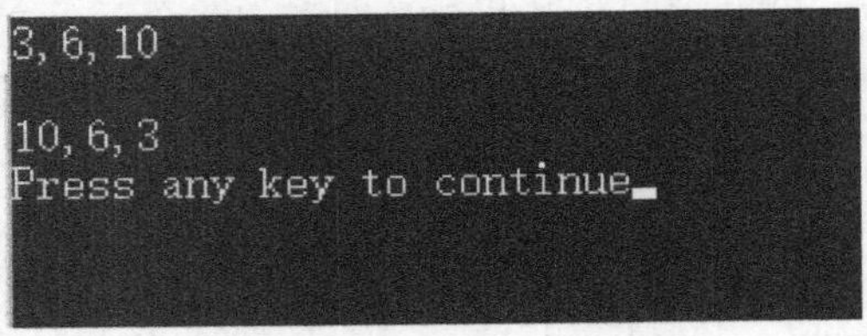

图 9-12 例 9-4 程序运行结果

二、函数返回值为指针类型(地址值)

指针函数就是返回指针值的函数。它的定义形式如下:

    基类型　*函数名(形式参数)

其中，"基类型"是函数返回的指针所指向数据的类型。

【例 9-5】 设计一个函数，在一个字符串中查找一个指定的字符。如果指定的字符存于字符串中，则返回字符串中指定字符出现的第一个地址；否则返回 NULL 值。要求使用指针函数实现此功能。

程序代码:

```
    #include<stdio.h>
    char *myStrch(char *str,char ch)          /*  指针函数定义    */
    {
        while(*str!= '\0')
        {
            if( *str==ch ) return str;
```

```
            else    str++;
        }
        return    NULL;
    }
    int main( )
    {
        char *p,ch,line[20];
        printf("\n input str: ");
        scanf("%s",line);
        printf("\n input ch: ");
        scanf(" %c",&ch);          /*   注意%c 前面有一个空格  */
        p= myStrch(line,ch);
        if( p!=NULL )
            printf("\n the first address of char %c is %x\n",ch,p);
        else
            printf("\n the    char %c is no exist!\n",ch);
        return 0;
    }
```

程序运行结果如图 9-13 所示。

```
input str:123456

input ch:3

the first address of char 3 is 19ff26
Press any key to continue_
```

图 9-13   例 9-5 程序运行结果

即时通

（1）例 9-5 的要求是在一个字符串中查找指定的字符第一次出现的位置，并用函数的形式解决，那么函数的返回值就是一个地址值，即指针类型。其实函数的返回值可以是各种类型，因此也可以返回一个指针值。

（2）本程序中 line 是数组名，它本身就是数组的起始地址，本质上是一个不可移动的指针。数组 line[20]的基类型是字符类型，指针 p 的基类型也是字符类型，所以可以把字符串中指定字符第一次出现的地址值赋给指针 p。如果它们的基类型不一致，则要慎重考虑是否可以进行赋值操作。

任务 4   指针变量的运算

本任务主要学习与指针相关联且运用最频繁的两个运算符，指针移动的基本知识以及指针比较的实质。这些都是实际中很实用的知识。

一、指针运算符

指针类型作为一种数据类型，可以作为操作数和操作符一起组合成表达式，从而实现比较复杂的功能。但是指针又是一种特殊的变量，是用来保存地址值的。最常用的与指针相关的运算有下面两个。

(1) 取地址运算符&。它是单目运算符，其功能是取变量的地址。在 scanf 函数及前面指针变量赋值操作中，已经了解并使用了&运算符。

(2) 取内容运算符*。它是单目运算符，其功能是用来表示指针变量指示的变量。在*运算符之后的变量必须是指针变量。

【例 9-6】 指针运算符 "&" 和 "*" 示例。

程序代码：

```c
#include<stdio.h>
#include<conio.h>
int main(){
    int a=5,*p;
        p=&a;    /*   表示指针变量 p 取得了整型变量 a 的地址值 */
    printf("\n a=%d a=%d",a,*p); /*    *p 等价于 a    */
    return 0;
}
```

程序运行结果如图 9-14 所示。

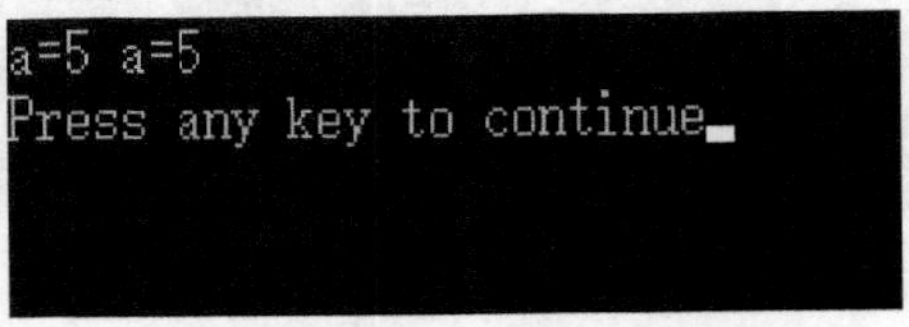

图 9-14　例 9-6 程序运行结果

即时通

需要注意的是，程序在定义指针变量 p 时，p 前面的 "指针说明符*" 与 "取内容运算符*" 不是一回事。在指针变量定义中，"*" 是指针类型说明符，表示其后出现的变量是指针类型；而表达式中出现的 "*" 是一个运算符，用以表示指针变量所指的内容。

二、指针变量的加减运算

对于指向数组的指针变量，加减运算的运用颇为频繁，主要有以下两种运算。

(1) 指针的自增(++)或自减(--)运算使指针指向下一个或前一个同类型的数据。运算后指针变量的值取决于它所指向的数据类型，即指针的自增或自减运算都是以数据类型的长度作为运算单位来进行的。

(2) 指针变量加上或减去一个正整数 n，使指针指向当前位置之后或之前第 n 个数据的位置。由于指针可以指向不同的数据类型，故对于某种数据类型的指针 p 来说，p+n 相当于向后移动 n × sizeof (数据类型)个字节，减法同理。

三、两个指针之间的关系运算

一般而言，两个指向同一数组的指针变量才能做关系运算，用于表示它们所指向数组元素之间的关系。

p1 == p2：表示 p1、p2 指向同一个数组元素。

p1 > p2：表示 p1 处于高地址位置，p1 比 p2 更靠近数组的尾部。

p1 < p2：表示 p1 处于低地址位置，p1 比 p2 更靠近数组的头部。

当然，指针变量还可以和 0 (NULL)比较，设 p 为指针变量，则 p==0 表明 p 是空指针，它不指向任何具体变量；p!=0 表示指针 p 不是空指针。空指针是通过对指针变量赋予 0 (NULL)值而得到的。指针变量赋予 0 值与不赋值是不同的。指针变量未赋值时是不能使用的，否则会引起意外错误。赋予 0 值后，指针变量可以使用，只是它不指向具体的对象而已。

任务5　指针与数组

在 C 语言中，数组与指针是紧密关联的。对数组元素的引用，实际上是转换成相应的指针运算来完成的。特别是在数组名做函数参数时，二者的关系更是密不可分。

一、数组名是一个地址常量

为使数组更加方便地用指针表示，C 语言中规定数组名是一个地址，该地址是表示数组存储空间的起始地址。因此，数组名是一个地址常量。所谓常量，是指其值不能改变。地址常量与变量指针是不同的，其区别就在于变量指针是可以改变的，一般定义的指针都是变量指针。例如：

```
int a[10],*p=a;
```

这里，a 是数组名，是地址常量。P 是指针名，是变量指针。P++，P--，P+=5, p-=5, p=a+2 等运算都是合法的，而 a++，a--等运算都是非法的。这里，要区分数组名和指针变量的不同。

二、数组元素的指针表示

1. 基础知识

数组元素可以用指针表示，也可以用下标表示，而用指针表示比用下标表示程序运行速度更快。因此，尽量采用指针表示。

一个数组是由连续的一块内存单元组成的。数组名就是这块连续内存单元的首地址。一个数组也是由各个数组元素(下标变量)组成的。每个数组元素按其类型不同占用几个连续的内存字节。

在 C 语言中，一维数组的数组名实际上就是数组下标为 0 的元素的地址。它们在内存中的关系如图 9-15 所示。数组名 a 的类型是 int *，并且指向数组元素 a[0]，即 a 中存放的地址为 &a[0]，通过指针运算符"*"可以访问指针所指向的数据，因此可以用 *a 来访问数组元素 a[0]。当然也可以访问数组中的其他元素，如通过 *(a+1)可以访问 a[1]。一般地说，*(a+i)的值和 a[i]的值相同，即 *(a+i)和 a[i]是完全等价的。

指向一维数组起始地址的指针 p 可以像数组名一样使用。指针 p 和数组名 a 均表示数组 a 首元素地址，即 p 与 a 有些时候是等价的，因此访问数组 a 中下标为 i 的元素，可以表示为 p[i]、*(p+i)。

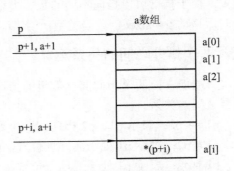

图 9-15　数组元素与元素地址关系示意图

虽然指针 p 与数组名 a 在此处都表示数组的起始地址，但是指针 p 可以进行++、--等加减运算，但是数组名 a 始终指向数组的起始地址，不能移动。前面已经讲过，它是一个地址常量，在使用时一定要加以区别运用。

2. 基本应用

【例 9-7】 分析下列程序的输出结果。

程序代码：

```c
#include<stdio.h>
int main( )
{
    int a[ ]={0,1,2,3};
    int *p=a;
    printf("%d,%d,%d\n",a[1],p[2],*(p+3));
    return 0;
}
```

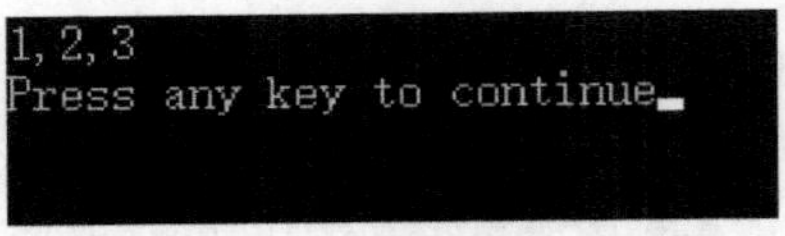

程序运行结果如图 9-16 所示。

```
1,2,3
Press any key to continue
```

图 9-16　例 9-7 程序运行结果

【例 9-8】 分析下列程序的输出结果。

程序代码：

```c
#include<stdio.h>
int main( ){
    static int a[]={1,3,5,7,9};
    int i, * p;
    for(p=a,i=0;p+i<=a+4;p++,i++)
    printf("%4d",*(p+i));
    printf("\n");
    for(p=a+4,i=0;i<5;i++)
        printf("%4d",p[-i]);
    printf("\n");
    return 0;
}
```

程序运行结果如图 9-17 所示。

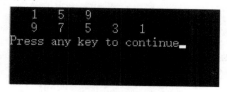

图 9-17　例 9-8 程序运行结果

即时通

(1) 该程序中，a 是一维数组名，p 是指向数组 a 的指针。第一个 for 循环时，p 指向 a 数组的 a[0]元素，第二个 for 循环时，p 指向 a 数组的 a[5]元素。

(2) 第一个 for 循环将顺序输出 a 数组中的元素。在 printf 函数中，使用*(p+i)来代替数组 a 的各元素值，它等价于 a[i]。

(3) 第二个 for 循环中，printf 函数的参数是 p[-i]，该参数等价于*(p-i)。p 开始时指向数组 a 的 a[4]元素，当 i 由 0 逐次增加到 5 时,程序按其相反顺序输出 a 数组中的 5 个元素。

三、数组名作函数参数

1．基础知识

数组名可以作函数的实参和形参，在学习指针变量之后就更容易理解这个问题了。数组名就是数组的首地址，实参向形参传送数组名实际上就是传送数组的首地址，形参得到该地址后也指向同一数组。这就好像同一件物品有两个不同的名称一样。

2．基本应用

【例 9-9】　从 10 个数中找出其中最大值和最小值。

调用一个函数只能得到一个返回值，本题使用全局变量在函数之间"传递"数据。

程序代码：

```
#include<stdio.h>
int max,min;        /*全局变量*/
void max_min_value(int array[],int n)
{    int *p,*array_end;
     array_end=array+n;
     max=min=*array;
     for(p=array+1;p<array_end;p++)
     if(*p>max)
   max=*p;
      else if (*p<min)min=*p;
}
int main( )
{
     int i,number[10];
```

```
        printf("enter 10 integer umbers:\n");
        for(i=0;i<10;i++)
        {
            scanf("%d",&number[i]);
        }
    max_min_value(number,10);
    printf("\max=%d,min=%d\n",max,min);
    return 0;
}
```

程序运行结果如图 9-18 所示。

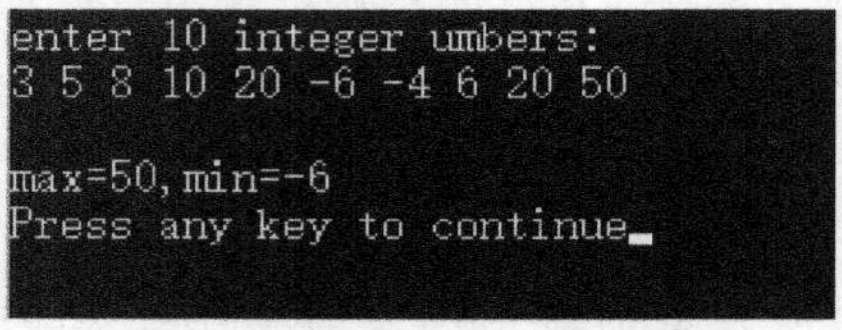

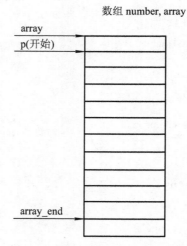

图 9-18　例 9-9 程序运行结果

 即时通

(1) 在函数 max_min_value 中求出的最大值和最小值放在 max 和 min 中。由于它们是全局变量，因此在主函数中可以直接使用。函数 max_min_value 中的语句：

        max=min=*array;

array 是数组名，它接收从实参传来的数组 number 的首地址；*array 相当于*(&array[0])。上述语句与 "max=min=array[0];" 等价。

(2) 在执行 for 循环时,p 的初值为 array+1,也就是说 p 指向 array[1]。以后每次执行 p++,使 p 指向下一个元素。每次将*p 与 max、min 比较。将大者放入 max，小者放入 min。数组形参、实参关系如图 9-19 所示。

数组 number, array

图 9-19　数组形参、实参关系示意图

(3) 函数 max_min_value 的形参 array 可以改为指针变量类型；实参也可以不用数组名，而用指针变量传递地址。

四、指针与二维数组

1. 基础知识

一个数组的名字代表该数组的首地址，是地址常量(作为形式参数的数组名除外)，该描述适用于二维或更高维数的数组。

用 C 语言定义的二维数组实际上可以看成是一个一维数组，而这个一维数组中的每一个元素又是一个一维数组。例如：

    int *p, a[4][4];

其中，数组 a 可以看成由 a[0]、a[1]、a[2]、a[3] 4 个元素组成，这 4 个元素又分别由包含 4 个 int 型元素的一维数组构成，如图 9-20 所示。

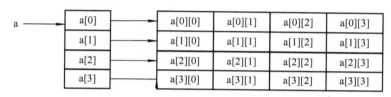

图 9-20　二维数组 a 的结构示意图

可以使用 a[0][0], a[0][1], …, a[0][3] 等来引用 a[0]中的每一个元素，其他依次类推。

在二维数组 a 中，a[0]、a[1]、a[2]、a[3]都是一维数组名，分别代表各自对应的一维数组的首地址，都是地址常量，其地址值分别是二维数组每行第一个元素的地址，其指向的类型就是数组元素的类型。

从二维数组的角度来看，a 代表二维数组首元素的地址，现在的首元素不是一个简单的整形元素，而是由 4 个整型元素所组成的一维数组，因此 a 代表的是首行(即序号为 0 的行)的首地址。a+1 代表序号为 1 的行的首地址。如果二维数组的首行地址为 3000，一个整型数据占 4 个字节，则 a+1 的值应该是 $3000 + 1 \times 4 \times 4 = 3016$(因为第 0 行有 4 个整型数据)。a+1 指向 a[1]，或者说，a+1 的值是 a[1]的首地址。a+2 代表 a[2]的首地址，它的值是 3032，如图 9-21 所示。

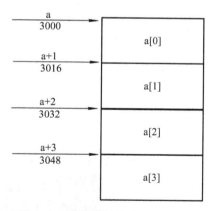

图 9-21　数组首地址表示示意图

请考虑 a 数组 0 行 1 列元素的地址怎么表示？a[0]是一维数组名，该一维数组中序号为 1 的元素的地址应使用 a[0]+1 来表示，如图 9-22 所示。

在一维数组中已经讲述过，a[0] 和 *(a+0)等价，a[i] 和 *(a+i)等价。因此，a[0]+1 和 *(a+0)+1 都是&a[0][1]，即图 9-22 中的地址 3004。a[1]+2 和 *(a+1)+2 的值都是 &a[1][2]，即图 9-22 中的 3024。

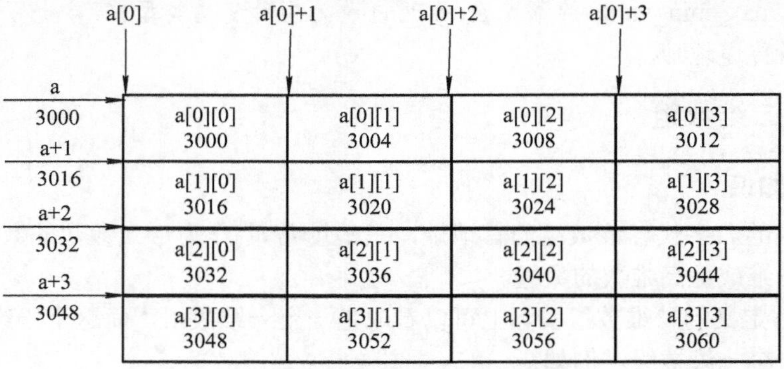

	a[0]	a[0]+1	a[0]+2	a[0]+3
a 3000 a+1	a[0][0] 3000	a[0][1] 3004	a[0][2] 3008	a[0][3] 3012
3016 a+2	a[1][0] 3016	a[1][1] 3020	a[1][2] 3024	a[1][3] 3028
3032 a+3	a[2][0] 3032	a[2][1] 3036	a[2][2] 3040	a[2][3] 3044
3048	a[3][0] 3048	a[3][1] 3052	a[3][2] 3056	a[3][3] 3060

图 9-22　数组各元素地址表示示意图

2．基本应用

【例 9-10】　输出二维数组的有关数据。

程序代码：

```
#include <stdio.h>
int main(){
int a[4][5]={1,3,4,5,7,9,10,12,14,16,18,20,22,24,
26,28,30,32,34,36};
  printf("%d,%d\n",a,*a);
  printf("%d,%d\n",a[0],*(a+0));
  printf("%d,%d\n",&a[0],&a[0][0]);
  printf("%d,%d\n",a[1],a+1);
  printf("%d,%d\n",&a[1][0],*(a+1)+0);
  printf("%d,%d\n",a[2],*(a+2));
  printf("%d,%d\n",&a[2],a+2);
  printf("%d,%d\n",a[1][0],*(*(a+1)+0));
  printf("%d,%d\n",*a[2],*(*(a+2)+0));
  return 0;
}
```

程序运行结果如图 9-23 所示。

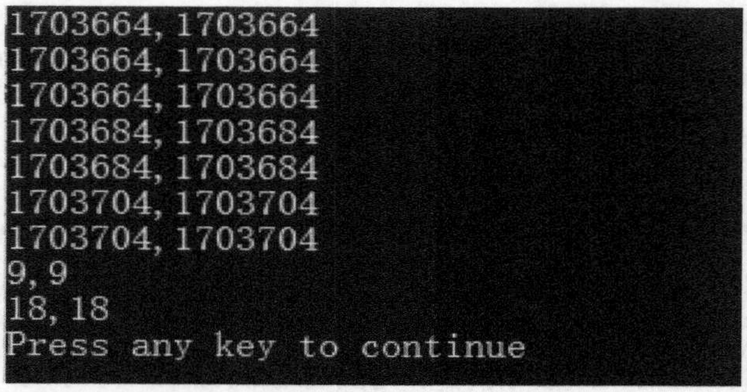

```
1703664, 1703664
1703664, 1703664
1703664, 1703664
1703684, 1703684
1703684, 1703684
1703704, 1703704
1703704, 1703704
9,9
18,18
Press any key to continue
```

图 9-23　例 9-10 程序运行结果

即时通

该程序主要用来显示二维数组 a 的各种表示方法，具体表示如表 9-1 所示。

表 9-1　二维数组 a 各表示形式、含义与地址的关系

表示形式	含　义	地　址
a	二维数组名，数组首地址，第 0 行首地址	1703664
a[0],*(a+0),*a	第 0 行第 0 列元素 a[0][0]的地址	1703664
a+1	第 1 行首地址	1703684
a[1],*(a+1)	第 1 行第 0 列元素 a[1][0]的地址	1703684
a[2],*(a+2)	第 2 行第 0 列元素 a[2][0]的地址	1703704
a[1][0],*(*(a+1)+0)	第 1 行第 0 列元素值	9

任务 6　指针与字符串

一、基础知识

1. 字符数组与字符串

　　字符数组是指数组元素为字符的数组。字符数组的赋值和一般操作前面已经学习过。在 C 语言中，最常用的字符数组是字符串，即字符串存放在一个字符数组中。存放一个字符串的字符数组是一维字符数组，而多维字符数组可以存放多个字符串。这里，需要弄清楚的一个概念是一维字符数组不等于字符串，但是字符串是一维字符数组。如果该字符数组以 '\0' 为结束，则是字符串，否则不是字符串，而是一般的字符数组。例如：

```
char s1[3]={ 'a','b',' c'};
char s2[3]={'a', 'b','\0'};
char s3[ ]="abc";
```

其中，s2 是一个字符串，而 s1 是一般的一维字符数组，s3 也是一个字符串，因为系统会给 s3 自动添加一个字符串结束符'\0'.

2. 字符指针变量

　　C 语言中的字符指针是一种专门用来指向字符串首字符的指针，它可以更方便地对字符串进行处理。对于字符指针，可以直接用一个字符串给它赋初值或赋值，这比使用一维字符数组方便多了。字符指针变量的定义说明与指向字符变量的指针变量的说明是相同的，只能按对指针变量的赋值不同来区别。对指向字符变量的指针变量应赋予该字符变量的地址，而对指向字符串变量的指针变量应赋予字符串的首地址。例如：

```
char *p1,*p2 = "abcd";
p1="12334";
```

　　字符串指针变量本身是一个变量，用于存放字符串的首地址。而字符串本身是存放在以该首地址为首的一块连续的内存空间中并以 '0' 作为串的结束。字符数组是由若干个数组

元素组成的，它可用来存放整个字符串。

可将一个字符串直接给字符指针赋初值，也可以赋值。这里 pl, p2 是两个字符指针(不要理解为字符串变量)，把一个字符串赋给这个变量。而 p1 和 p2 是两个 char 型的指针，这里，p1="12334";不是把字符串存放在 p1 中，而是把字符串 "12334" 存放在内存的某个单元里，把该单元的首地址赋给字符指针 p1。实际上，这是用一个无名的字符数组来存放 "12334" 字符串。p1 只是指向该字符串首字符地址的一个指针。

当一个指针变量在未取得确定地址前使用是危险的，容易引起错误，但是对指针变量直接赋值字符串是可以的。因为 C 系统对指针变量赋值时要给以确定的字符串首地址。

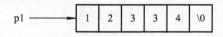

图 9-24　字符串存储示意图

二、基本应用

【例 9-11】　输出字符串中 n 个字符后的所有字符。

程序代码：

```
#include<stdio.h>
int main( )
{
    char *ps = "this is a book"; // 把字符串首地址赋值给指针 ps
        int n=10;
        ps=ps+n; // 相当于把指针 ps 向后移动 10 个字符，即指向字符'b'.
         printf("%s\n",ps);
    return 0;
}
```

程序运行结果如图 9-25 所示。

【例 9-12】　设计一个函数，判断输入的字符串是否为回文。

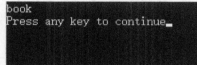

图 9-25　例 9-11 程序运行结果

程序代码：

```
#include<stdio.h>
#include<string.h>
#define MAXSIZE 20
int isH(char *p,int L,int R)
{
    if(L>=R) return 1;
        if( p[L]- p[R] ) return 0;
        return isH(p,L+1,R-1);
}
int main( )
```

```
    {
        char str[MAXSIZE];
            printf("input the string:");
            gets(str);
        printf("%s\n",isH(str,0,strlen(str)-1)?"Yes":"No");
        return 0;
    }
```

程序运行结果如图 9-26 所示。

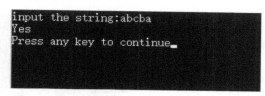

图 9-26　例 9-12 程序运行结果

即时通

(1) 判断字符串是否为回文用函数来处理，整体思路采用递归的方法，当前只判断 p[L] 与 p[R]是否相等，若相等，则 L 加 1，R 减 1，进入下一次判断。

(2) 若下列情况成立，则说明字符串为回文，函数返回值为 1：字符串为空或只有 1 个字符；字符串长度为奇数时，L 和 R 都指向了中间的字符且它们前面比较的字符都相同；字符串为偶数时，L 和 R 都指向了中间的字符且它们前面比较的字符都相同，这时使 L 加 1，R 减 1，则导致 L 比 R 大 1。

三、指针与字符串

1. 基本知识

字符串本身是一个一维字符数组，如果将若干个字符串放到一个二维字符数组中，则每一行的元素个数要求相同，实际上各字符串长度不等，只好按字符串中最长的作为每行的元素个数。这样将会造成内存空间的浪费。如果采用指针数组便可克服存储空间的浪费问题，因为指针数组中各个指针元素可以指向不同长度的字符串。因此，实际编程中常用字符型的指针数组存放字符串。比如：

　　char *name[ ]={ "","Monday","Tuesday","Wednesday","Thursday", "Friday,"Saturday","Sunday"};

name 是一个字符型的指针数组，用它来存放字符串。使用字符型指针数组存放不等长度的字符串不浪费存储空间。

2. 基本应用

【例 9-13】 分析下列程序的输出结果。

程序代码：

```
#include <stdio.h>

char *name[ ]= { "","Monday","Tuesday","Wednesday","Thursday", "Friday","Saturday","Sunday"};
```

```
int main(){
    int   week;
    while(1){
        printf("Enter week No.:");
        scanf("%d",&week);
        if(week<1||week>7)
        break;
        printf("week No.   %d -->%s\n",week,name[week]);
    }
    return 0;
}
```

程序运行结果如图 9-27 所示。

![Enter week No.:7
week No.   7——>Sunday
Enter week No.:5
week No.   5——>Friday
Enter week No.:6
week No.   6——>Saturday
Enter week No.:9
Press any key to continue]

图 9-27　例 9-13 程序运行结果

即时通

　　该程序的功能是将输入的星期几数字
转换成为英文单词表示的星期几，如果输入数字 0，则退出该程序。使用指针数组将数组
下标的数字与英文单词对应起来，十分方便地完成该程序的功能。
　　数组 name 的存储情况如图 9-28 所示。

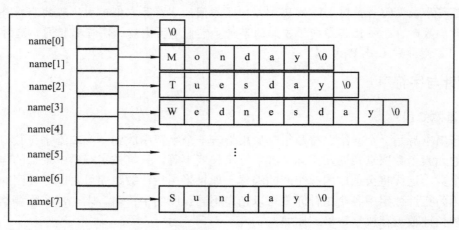

图 9-28　数组 name 的存储情况示意图

任务 7　指 针 数 组

如果一个数组的元素都是指针变量，则称这个数组是指针数组。
指针数组定义格式如下：
　　类型说明符　*数组名[(大小 1)]…[(大小 n)]
其定义形式除了符号"*"外，其余部分和正常的数组定义相同。例如：

```
int *p[5],*y[3][3];
```

定义 p 为一个一维的具有 5 个元素的指针数组，定义 y 为一个二维的具有 3×3=9 个元素的指针数组，p 和 y 数组中的元素都是指向整型的指针变量。

【例 9-14】 求 N 阶方阵主对角线和副对角线上的元素和。

程序代码：

```c
#include <stdio.h>
#define N 3
int main(){
    int a[N][N],i,j,sum1=0,sum2=0,*p[N];
    for(i=0;i<N;i++){
        p[i]=a[i];
    }
    for(i=0;i<N;i++){
        for(j=0;j<N;j++){
            scanf("%d",p[i]+j);
        }
    }
    for(i=0;i<N;i++){
        for(j=0;j<N;j++){
            if(i==j){
                sum1+=p[i][j];
            }
            if(i+j==N-1){
                sum2+=p[i][j];
            }
        }
    }
    printf("主对角线的和=%d\n 副对角线的和=%d\n",sum1,sum2);
    return 0;
}
```

程序运行结果如图 9-29 所示。

图 9-29 例 9-14 程序运行结果

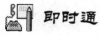 即时通

该程序的功能是将 N 阶方阵主对角线和副对角线上的元素通过指针数组 p 来求和。

任务 8 二 级 指 针

一、基础知识

如果一个变量的值是其他变量的地址，而这些其他变量的值不是内存地址，则这个变量是一级指针变量，如图 9-30 所示。

如果一个变量的值是一级指针变量的地址，则称这个变量是二级指针变量或指向指针的指针，如图 9-31 所示。

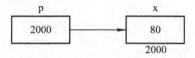

图 9-30 一级指针变量示意图

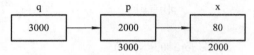

图 9-31 二级指针示意图

从图 9-31 中可以看出，q 的值为一级指针变量 p 的地址。因此，称 q 为二级指针变量。

二级指针变量定义的一般形式：

    类型符 **变量名;

其中，"类型符"是其指向的最终目标的对象的数据类型。例如：

    int a,*p1,**k,p=&a,k=&p;

定义 a 为整型变量，p 为一级指针变量，k 为二级指针变量，因为 p 中存放的是 a 的地址，k 中存放的是 p 的地址。

    *k==p, *p==a

因此 **k 与 *p 及 a 三者等价。

理论上可以定义一个三级、四级甚至更多级的指针变量，但在实际应用中很少会用三级及三级以上的指针变量。

二、基本应用

【例 9-15】 阅读以下程序。

程序代码：

```
#include <stdio.h>
int main(){
char **p ,*address[]={"America","China","English","Japan","Vietnam",""};
    p=address;
        for(;**p!='\0';){
         printf("%s\n",*p++);
    }
    return 0;
}
```

程序运行结果如图 9-32 所示。

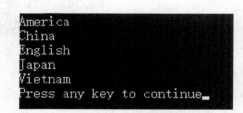

图 9-32 例 9-15 程序运行结果

即时通

该程序中字符型指针 address 包含四个指针变量,每个指针变量都各自存储一个字符串的首地址。通过将 address 的地址赋值给二级指针变量 p 和进行*p++操作,可遍历各字符串首地址。

任务 9　动态内存分配

一、基础知识

1. 内存的动态分配

在前面的章节中已经介绍过全局变量和局部变量。全局变量分配在内存中的静态存储区;非静态的局部变量(包括形参)分配在内存中的动态存储区,这个存储区是一个称为栈(stack)的区域。除此之外,C 语言还允许建立内存动态分配区域,以存放一些临时用的数据,这些数据不必在程序的声明部分定义,也不必等到函数结束时才释放,而是需要时开辟,不需要时释放。这些数据临时存放在一个特别的自由存储区,称为堆(heap)区。可以根据需要向系统申请所需堆区的大小。由于未说明(声明)部分定义临时量为变量或数组,因此不能通过变量名或数组名去引用这些数据,只能通过指针引用。

2. 建立内存的动态分配

对内存的动态分配是通过系统提供的库函数来实现的,主要有 malloc、calloc、free、realloc 这 4 个函数。

1) 使用 malloc 函数

malloc 函数原型为

    void *malloc(unsigned int size);

其作用是在内存的动态存储区中分配一个长度为 size 的连续空间。形参 size 的类型为无符号整数(该参数不允许为负)。此函数的返回值是所分配内存区域的首地址。例如:

    malloc(200);　//在内存中开辟 200 个字节的临时空间,函数返回值为内存区域的首地址

注意:malloc 函数原型基类型为 void,即不指向任何类型的数据,只提供一个地址。如果此函数未能在内存区域中成功开辟需要的存储空间,则返回空指针(NULL)。

2) 使用 calloc 函数

calloc 函数原型为

    void *calloc(unsigned n,unsigned size);

其作用是在内存的动态存储区中分配 n 个长度为 size 的连续空间,这个空间一般比较大,足以保存一个数组。

用 calloc 函数可以为一维数组开辟动态存储空间,n 为数组元素个数,每个元素长度为 size,这就是动态数组。函数返回指向所分配内存区域的起始位置指针;如果分配不成功,则返回 NULL。例如:

　　　　p=calloc(20,4);　//分配 20×4 个字节的临时空间，把该空间起始位置地址赋值给指针变量 p
　　3) 使用 free 函数
　　free 函数原型为
　　　　void free(void *p);
其作用是释放指针变量 p 所指向的动态内存空间，使这部分空间能够被其他变量使用。p
应该是最近一次调用 calloc 或 malloc 函数时得到的函数返回值。例如：
　　　　free(p);　//释放指针变量 p 所指向的已分配的动态空间
free 函数无返回值。
　　4) 使用 realloc 函数
　　realloc 函数原型为
　　　　void *realloc(void *p,unsigned int size);
　　如果已经通过 malloc 函数或 calloc 函数获得了动态内存空间，想改变其大小，可以用
realloc 函数重新分配。
　　用 realloc 函数将 p 所指向的动态空间大小改变为 size。p 的值不变。如果重新分配不
成功，则返回 NULL。例如：
　　　　realloc(p,30);　//将 p 所指向的已分配的动态空间改为 30 字节
　　以上 4 个函数的声明在 stdlib.h 头文件中，在用到这些函数时应当使用"#include
<stdlib.h>"将头文件引用到程序中。

3. void 指针类型

　　C99 允许使用基类型为 void 的指针类型。可以定义一个基类型为 void 的指针变量(void*
型变量)，它不指向任何类型的数据。请注意：不要把"指向 void 类型"理解为能指向"任
何类型"的数据，而应该理解为"指向空类型"或"不指向确定的类型"的数据。在将
它的值赋给另一指针变量时由系统对它进行类型转换，使之适合于被赋值的变量类型。
例如：
　　　　int a=5;　　　　　　　　//定义一个整型变量 a
　　　　int *p1=&a;　　　　　　//p1 指向 int 型变量 a
　　　　char *p2;　　　　　　　//p2 指向 char 类型变量
　　　　void *p3;　　　　　　　//p3 指向 void 类型指针变量
　　　　p3=(void *)p1;　　　　//将 p1 的值转换为 void*类型，并赋值给 p3
　　　　p2=(char *)p3;　　　　//将 p3 的值转换为 char*类型，并赋值给 p2
　　　　printf("%d",*p1);　　//合法，输出 a 的值
　　　　p3=&a;　　　　　　　　//错误，p3 是无指向的，不能指向 a
　　　　printf("%d",*p3);
　　说明：当把 void 指针赋值给不同基类型的指针变量(或相反)时，编译系统会自动进行
转换，用户不必自己进行强制类型转换。例如：
　　　　p3=&a;
相当于"p3=(void*)&a;"，赋值后 p3 得到 a 的纯地址，但并不指向 a，不能通过*p3 输出 a
的值。

二、基本应用

【例 9-16】 建立动态数组，输入 5 个学生的成绩，另外用一个函数检查其中有无低于 60 分的学生，输出不合格的成绩。

程序代码：

```c
#include <stdio.h>
#include<stdlib.h>
void check(int *p)
{
    printf("They are fail;");
    for(int i=0;i<5;i++)
    {
        if(p[i]<60)
            printf("%d ",p[i]);        //输出不合格学生成绩
    }
    printf("\n");
}
int main(){
    int *p1;
    p1=(int *)malloc(5*sizeof(int));        //开辟一块 5 × sizeof(int)个字节空间
    for(int i=0;i<5;i++)
    {
        scanf("%d",p1+i);
    }
    check(p1);
    return 0;
}
```

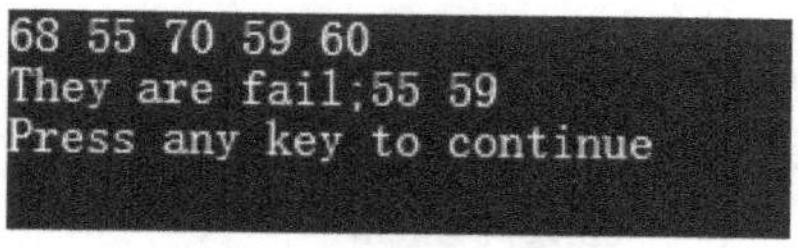

程序运行结果如图 9-33 所示。

图 9-33 例 9-16 程序运行结果

小 结

本项目介绍了指针的基本概念、指针的运算、动态内存分配，以及与指针相关的一些语句的语法形式和功能，并结合例题介绍了指针的应用方法。

掌握 C 语言指针的初步应用为目标，围绕指针类型的定义、赋值及使用介绍 C 语言中不同数据类型的指针变量的基本知识。

指针是 C 语言的精华，没有掌握指针的基本知识，学习好 C 语言就无从谈起。理解指针变量是用来存放数据变量的地址，是学习指针的各种用法的根本。

C 语言中指针的运用一定要遵循定义、赋值、使用、检测这个基本规范。

实　训　题

1．编写一个函数，返回一维整型数组的最大数和最小数的下标。

2．用字符指针实现函数 strcat(s,t)，将字符串 t 复制到字符串 s 后面。

3．将 *n* 个整数的一维数组逆序存放，用函数实现。

4．用函数实现字符串的回文判断，要求不用递归。

5．编写一个函数，实现三个整数中的最大值与最小值的交换。

6．程序改错。

(1) 在一个一维整型数组中找出其中最大的数及其下标。程序中共有 4 条错误语句，请改正错误。

```
#define N 10
/**********FOUND**********/
float fun(int *a,int *b,int n)
{ int *c,max=*a;
 for(c=a+1;c<a+n;c++)
   if(*c>max)
     {    max=*c;
       /**********FOUND**********/
                 b=c-a;
     }
   return max;
}
```

(2) 将一个字符串中第 m 个字符开始的全部字符复制成为另一个字符串。程序中共有 4 条错误语句，请改正错误。

```
#include<stdio.h>
void strcopy(char *str1,char *str2,int m)
/**********FOUND**********/
{char p1,p2;
 int i,j;
/**********FOUND**********/
 p1=str1+m;
 p2=str2;
/**********FOUND**********/
   if(*p1);
 *p2++=*p1++;
 *p2='\0';
}
```

```
int main()
{ int i,m;
  char *p1,*p2,str1[80],str2[80];
  p1=str1;
  p2=str2;
  gets(p1);
  scanf("%d",&m);
/**********FOUND**********/
  strcat(str1[0],str2[0],m);
  puts(p1);puts(p2);
  return 0;
}
```

(3) 阅读程序写出结果

```
#include <stdio.h>
int main(){
    int i;
    char a[][6]={ "one","wo","three","four"};
    char *p[4],**s=p;
    for(i=0;i<4;i++){
      p[i]=a[i];
}
    printf("%c",*(*a+1));
    printf("%c",**++s+2);
    printf("%c",(*(p+2))[2]);
    return 0;
}
```

程序运行结果：＿＿＿＿＿＿＿＿＿＿

7. (1) 编写一个函数 new，对 n 个字符开辟连续的存储空间，此函数应返回一个指针(地址)，指向字符串开始的空间。new(n)表示分配 n 个字节的内存空间。

(2) 写一个函数 free，将前面用 new 函数占用的空间释放。free(p)表示将 p 指向的内存单元释放。

项目十　结构体与共用体

【知识目标】
◆ 掌握结构体类型及结构体类型变量的定义及赋值。
◆ 熟练掌握用指针来操作结构体变量及成员。
◆ 掌握指针的动态申请和释放内存。
◆ 了解共用体类型的基本知识。

【能力目标】
◆ 掌握结构体变量的基本使用方法。
◆ 利用结构体指针操作结构体变量。

【引例】
建立一个如下所示的学生成绩管理登记表，要求用结构体进行构建，并用结构体指针输出数据。

学号	姓名	数学	英语	计算机	哲学	总分	名次

任务 1　定义结构体类型

数组是同一类型的数据的有序集合，它的使用受到很大的局限性。实际应用中还需要将不同类型的数据组合在一起。例如，在学生成绩登记表中，姓名为字符型数组，学号、总成绩和名次为整型数组，各科成绩为整型数组。显然不能用一个数组来存放这一组数据。因为数组中各元素的类型和长度都必须一致。为了解决这个问题，C 语言中给出了另一种构造数据类型——"结构(structure)"或叫"结构体"。

"结构"是一种构造类型，它是由若干"成员"组成的。每一个成员可以是一个基本数据类型或者是一个构造类型。结构既然是一种"构造"而成的数据类型，那么在说明和使用之前必须先定义它，也就是构造它。

定义一个结构的一般形式为：

```
struct 结构名
    {成员表列};
```

成员表列由若干个成员组成，每个成员都是该结构的一个组成部分。对每个成员也必须作类型说明，其形式为：

```
类型说明符 成员名;
```

成员名应符合标识符的命名规定。例如：

```
struct student
{
    int num;                    /*每个学生的学号*/
    char name[10];              /*每个学生的姓名*/
    int score[4];               /*每个学生4门功课的成绩*/
    int sum;                    /*每个学生的总成绩*/
    int rank;                   /*每个学生的平均成绩*/
};
```

在这个结构定义中，结构名为 student，该结构由 4 个成员组成。第一个成员为 num，整型变量；第二个成员为 name，字符数组；第三个成员为 score，整型数组；第四个成员为 sum，整型变量；第五个成员为 rank，整型变量。应注意，在括号后的分号是不可少的。结构定义之后，即可进行变量说明。说明为结构 student 的变量都由上述 5 个成员组成。需要注意的是，系统没有预先定义结构体类型，若需要使用结构体类型数据，就必须自己根据具体情况在程序中定义不同组成结构的结构体"模型"。

任务 2　结构体变量的定义

定义结构体变量有以下三种方法。以上面定义的结构 student 为例来加以说明。需要注意的是，结构体类型的定义并不是结构体变量的定义，务必注意。

下面介绍定义结构体变量的三种方法。

1. 先定义结构体类型，再定义结构体变量

```
struct student
{   int num;
    char name[10];
    int score[4];
    int sum;
    int rank;
};
struct student    st1,st2;
```

此处定义了两个变量 st1 和 st2 为 student 结构类型。也可以用宏定义使一个符号常量来表示一个结构体类型：

```
#define STU struct student
STU
{   int num;
    char name[10];
    int score[4];
    int sum;
```

```
            int rank;
        };
        STU st1,st2;
```
2. 在定义结构体类型的同时定义结构体变量
```
        struct student
        {
            int num;
            char name[10];
            int score[4];
            int sum;
            int rank;
        }st1,st2;
```
这种形式定义的一般形式为：
```
        struct  结构名
        {
            成员表列；
        }变量名表列；
```
3. 直接定义结构体变量
```
        struct
        {
            int num;
            char name[10];
            int score[4];
            int sum;
            int rank;
        }st1,st2;
```
这种形式定义的一般形式为：
```
        struct
        {
            成员表列；
        }变量名表列；
```
第三种方法与第二种方法的区别在于第三种方法中省去了结构名，而直接给出了结构变量。三种方法中定义的 st1、st2 变量都具有如图 10-1 所示的结构。

学号	姓名	数学	英语	计算机	哲学	总分	名次

图 10-1   student 结构体成员构成示意图

定义了 st1、st2 变量为 student 类型后，即可向这两个变量中的各个成员赋值。在上述 student 结构定义中，所有的成员都是基本数据类型或数组类型。

成员也可以是一个结构，即构成了嵌套的结构。例如，图 10-2 给出了另一个数据结构。

num	name	sex	birthday			score
			month	day	year	

图 10-2　结构体 birthday 作为结构体 date 的成员

由图 10-2 可给出以下结构定义：

```
struct date
{
    int month;
    int day;
    int year;
};
Struct
{
    int num;
    char name[20];
    char sex;
    struct date birthday;
    float score;
}boy1, boy2;
```

首先定义一个结构 date，由 month(月)、day(日)、year(年)三个成员组成。 在定义并说明变量 boy1 和 boy2 时，其中的成员 birthday 被说明为 data 结构类型。成员名可与程序中其他变量同名，互不干扰。

需要说明的是，结构体类型的定义只说明了结构体的组织形式，它本身并不占用存储空间，只有定义了结构体的变量后，才分配存储空间。结构体类型的定义与变量相似，也有其作用域问题，如果定义在函数内部则其作用范围是局部的，一般应将它定义在文件的首部。

任务 3　结构体变量的赋值与引用

结构体变量的赋值与引用是结构体在实际运用中的常用操作，方法灵活多样，概念比较多，不易掌握。但是这些又是有效掌握结构体运用的必备基础知识。

一、基础知识

在程序中使用结构体变量时，在 ANSI C 中除了允许具有相同类型的结构体变量相互赋值外，一般对结构体变量的使用，包括赋值、输入、输出、运算都是通过结构体变量的成员来完成的。结构体变量的赋值就是给各成员赋值，可用输入语句或赋值语句来完成，不能将结构体变量作为一个整体进行输入/输出。

结构体类型变量的初始化和数组相似，可以对结构体变量在定义时进行初始化赋值。

应该注意的是，必须把结构体类型与结构体变量区分开来，只能对结构体变量初始化，而不能对结构体类型初始化。

　　　　struct student　st1={1001, "王小二", {70,80,90,100}}, st2;

定义两个相同结构的结构体变量 st1、st2，在定义的同时初始化 st1。

　　　　st2=st1;

把 st1 的值整体赋值给 st2。

对结构体变量成员的使用可以通过对其每个成员的引用来实现。表示结构变量成员的一般形式是：结构变量名.成员名。st1.num 表示第一个人的学号，如果成员本身又是一个结构则必须逐级找到最低级的成员才能使用。一个学生的第二门课程的成绩表示为 st1.score[1]。

二、基本应用

【例 10-1】　建立一个学生的成绩管理登记表，其中包括学号、姓名、四门课程的成绩。要求从键盘上输入数据，并显示出来，用结构体来构建成绩管理登记表。

程序代码：

```
#include<stdio.h>
struct student
{
    int num;                          /*学生的学号*/
    char name[10];                    /*学生的姓名*/
    int score[4];
    /*学生四门功课的成绩，整型数组作为结构体成员*/
};
int main()
{
    struct student   st1, st2;        /*定义两个结构体变量*/
    printf("input num \n");
    scanf("%d", &st1.num);
/*从键盘输入结构体变量 st1 成员 num 的值*/
    printf("input name\n");
    scanf("%s",st1.name);
    printf("input score \n");
    scanf("%d %d %d %d",&st1.score[0], &st1.score[1], &st1.score[2], &st1.score[3]);
    st2=st1;
/*结构体变量 st1 整体赋值给结构体变量 st2 */
    printf("student info：\n");
    printf("num=%d name=%s", st2.num, st2.name);
    printf("score:%d %d %d %d", st2.score[0], st2.score[1],
    st2.score[2], st2.score[3]);
```

```
        return 0;
    }
```

程序运行结果如图 10-3 所示。

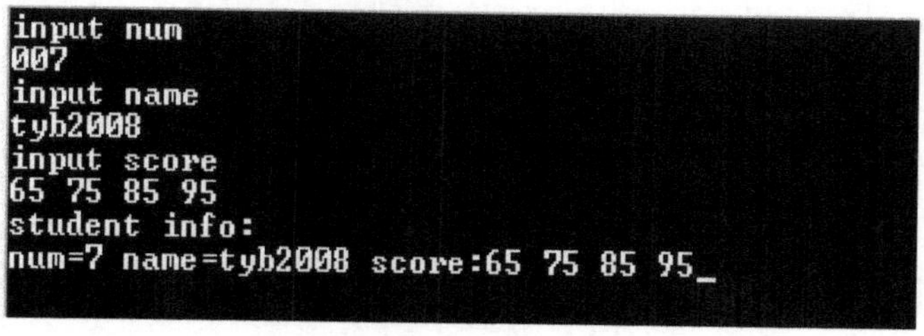

图 10-3　例 10-1 程序运行结果

即时通

(1) 本程序中用输入语句给 num、name、score 三个成员赋值，name 是一个字符串数组变量，用 scanf 函数输入 name 时没有使用取地址运算符&。score 是一个有四个元素的整型数组。用 scanf 函数动态地输入四门课程的成绩。

(2) 把 st1 的所有成员的值整体赋予 st2。因为 st1 和 st2 是相同类型的结构体变量，故它们可以相互赋值。

(3) 分别输出 st2 的各个成员值。本例表示了结构变量的赋值、输入和输出的方法。

任务 4　结 构 体 数 组

一、基础知识

在 C 语言中，结构体可以和数组结合起来使用。这主要包括两方面的内容：一是结构体中的成员可以是数组，例 10-1 中已经体现了其使用方法；二是数组中的元素可以说明为某种结构体类型。

二、基本应用

【例 10-2】 计算学生的总成绩并打印学号、姓名、总分。
程序代码：

```
#include<stdio.h>
#include<conio.h>
#define     N      5
#define     STU      struct student
STU
{
    int num;
```

```
        char name[10];
        int score[4];
        int sum;
        int rank;
    };
    int main()
    {
     int   m=4,j;  /* m 表示四门课程   */
        STU   *p;
        STU   stu[N]={
                       {1,"李   杰",{81,88,90,65}},
                       {2,"成大龙",{72,85,83,85}},
                       {3,"周   伦",{70,89,83,84}},
                       {4,"潘玮柏",{80,78,90,74}},
                       {5,"李   龙",{75,88,78,82}}
                     };
        for (p=stu; p<stu+N; p++)
            { p->sum = 0;
                for (j=0; j<m;j++)
                {
                        p->sum = p->sum + p->score[j];
                }
            }
        printf("\n");                       /* 打印表头 */
        printf("\t\t                成绩表\n");
        printf("\t\t ┌──────┬──────┬──────┐ \n");
        printf("\t\t │ 学号      │ 姓  名     │  总  分  │ \n");
    for (p=stu; p<stu+N; p++)       /* 打印 n 个学生的信息 */
    {   printf("\t\t ├──────┼──────┼──────┤ \n");
        printf("\t\t │%8d",(*p).num);
        printf(" │ %-12s",(*p).name );
        printf(" │ %8d │ \n", (*p).sum);
    }
        printf("\t\t └──────┴──────┴──────┘ \n");
    printf("\n");
    return 0;
    }
```

程序运行结果如图 10-4 所示。

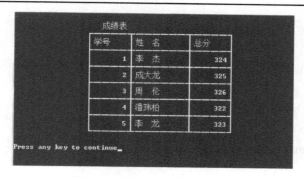

图 10-4　例 10-2 程序运行结果

即时通

(1) 本程序中定义了一个结构体数组 stu，并作了初始化赋值。在 main 函数中用 for 语句逐个累加各门课程的成绩存于 sum 之中，并打印输出学号、姓名、总成绩。

(2) C 语言中的数组元素可以被定义为某种结构体类型，其定义方法同结构体变量的定义方法相同，只要将结构体变量换成数组即可。程序中定义了具有 5 个元素的结构体数组 stu，其中的每个元素都是 student 类型的结构体，它们都分别包含结构体中的各个成员。

(3) 结构体数组的初始化和引用与结构体变量的初始化与引用相同，访问数组元素中的某个结构体成员的方法与单个结构体变量相似。下面的语句把 stu[4] 的 num 成员赋值为 1004，rank 成员赋值为 2。

        stu[4].num=1004; stu[4].rank=2

任务 5　结构体变量与指针

引入结构体指针基于以下两个目的：一是指向结构体变量或数组的指针作为函数参数可以高效地传递数据；二是指向结构体数组的指针可以提高数组访问效率。

一、结构体变量的指针

1. 基础知识

当一个指针变量用来指向一个结构体变量时，称之为结构体指针变量。结构体指针变量中的值是所指向的结构体变量的首地址。通过结构体指针即可访问该结构体变量，这与数组指针和函数指针的情况是相同的。

结构体指针变量定义的一般形式为：

        struct 结构名　*结构指针变量名

赋值是把结构体变量的首地址赋予该指针变量，不能把结构体名赋予该指针变量。

有了结构体指针变量，就能更方便地访问结构变量的各个成员。其访问的一般形式为：

        (*结构指针变量).成员名

或

结构指针变量->成员名

2. 基本应用

【例 10-3】输出结构体成员的值，体会指针的作用，结构体 STU 的定义与例 10-2 相同。

程序代码：

```
#include<stdio.h>
#include<conio.h>
#define STU struct student
STU
{
    int num;                        /* 每个学生的学号 */
    char name[10];                  /* 每个学生的姓名 */
    int score[4];                   /* 每个学生 4 门功课的成绩 */
    int sum;                        /* 每个学生的总成绩 */
    int rank;                       /* 每个学生的平均成绩 */
};   /*  结构体类型定义  */


int main()
{
    STU   *pstu,st1={1,"李  杰",{81,88,90,65}};
    pstu=&st1;
    printf("num=%d name=%s\n",st1.num,st1.name);
    printf("score： %d %d %d %d\n",st1.score[0],st1.score[1],st1.score[2],st1.score[3]);
    printf("num=%d name=%s\n",(*pstu).num,(*pstu).name);
    printf("score： %d %d %d %d\n",(*pstu).score[0],(*pstu).score[1],
    (*pstu).score[2],(*pstu).score[3]);
    printf("num=%d name=%s\n",pstu->num,pstu->name);
    printf("score： %d %d %d %d\n",pstu->score[0],pstu->score[1],
    pstu->score[2],pstu->score[3]);
    return 0;
}
```

程序运行结果如图 10-5 所示。

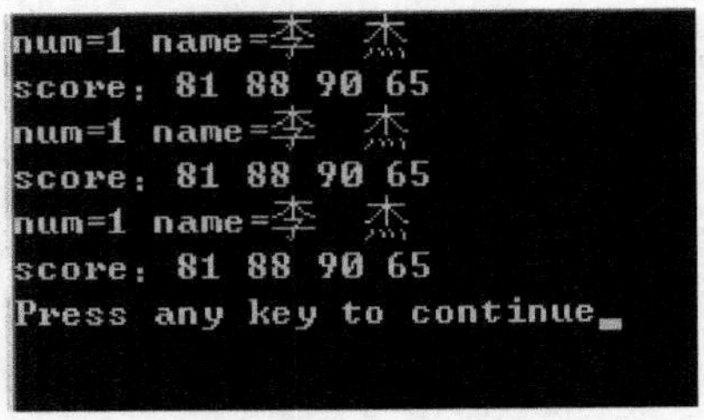

图 10-5　例 10-3 程序运行结果

二、指向结构体数组的指针

1. 基础知识

指针变量可以指向一个结构体数组，这时结构体指针变量的值是整个结构体数组的首地址。结构体指针变量也可指向结构体数组的一个元素，这时结构体指针变量的值是该结构体数组被指向元素的地址。

设 p 为指向结构体数组的指针变量，则 p 也指向该结构数组的 0 号元素，p+1 指向第 1号元素，p+i 则指向数组中第 i 号元素。这与普通数组的情况是一致的。

2. 基本应用

【例 10-4】 用指针变量输出结构数组。

程序代码：

```c
#include<stdio.h>
#include<conio.h>
#define      N        5
#define      STU        struct student
STU
{
    int num;
    char name[10];
    int score[4];
    int sum;
    int rank;
};
int main()
{
    int   m=4,j;   /* m 表示四门课程   */
    STU   *p;
    STU   stu[N]={
                    {1,"李  杰",{81,88,90,65}},
                    {2,"成大龙",{72,85,83,85}},
                    {3,"周  伦",{70,89,83,84}},
                    {4,"潘玮柏",{80,78,90,74}},
                    {5,"李  龙",{75,88,78,82}}
                };
    for (p=stu; p<stu+N; p++)
    {
        p->sum = 0;
        for (j=0; j<m;j++)
```

```
        {
            p->sum = p->sum + p->score[j];
        }
    }
    printf("\n");                        /* 打印表头 */
    printf("\t\t      成绩表\n");
    printf("\t\t ┌──────┬──────┬──────┐ \n");
    printf("\t\t │ 学号    │ 姓  名   │ 总分    │ \n");
    for (p=stu; p<stu+N; p++)          /* 打印 n 个学生的信息 */
    {
        printf("\t\t ├──────┼──────┼──────┤ \n");
        printf("\t\t │ %8d",(*p).num);
        printf(" │ %-12s",(*p).name );
        printf(" │ %8d │ \n", (*p).sum);
    }
    printf("\t\t └──────┴──────┴──────┘ \n");
    printf("\n");
    return 0;

}
```

程序运行结果如图 10-6 所示。

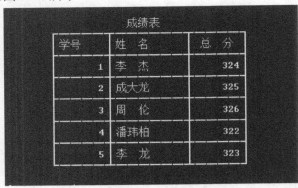

图 10-6　例 10-4 程序运行结果

⊞时通

(1) 在程序中，定义了 STU 结构体类型的数组 stu 并作了初始化赋值。在 main 函数内定义 p 为指向 STU 类型的指针。在循环语句 for 的表达式 1 中，p 被赋予 stu 数组的首地址，然后循环 5 次，输出 stu 数组中各成员值。

(2) 应该注意的是，一个结构指针变量虽然可以用来访问结构体变量或结构体数组元素的成员，但是，不能使它指向一个成员。也就是说，不允许取一个成员的地址来赋予它。因此，下面的赋值是错误的。

```
    p=&stu[1].num;   (错误)
```
而只能是：
```
    p=stu;   (赋予数组首地址)
```
或者是：
```
    ps=&stu[0];   (赋予第一个元素首地址)
```

三、结构体指针变量作函数参数

1．基础知识

在 ANSI C 标准中允许用结构体变量作函数参数进行整体传送。但是这种传送要将全部成员逐个传送，特别是成员为数组时将会使传送的时间和空间开销很大，严重地降低了程序的效率。因此，好的办法就是使用指针，即用指针变量作函数参数进行传送。这时实参传向形参的只是地址，从而减少了时间和空间的开销。

2．基本应用

【例 10-5】 计算每个学生的总成绩，打印输出学号、姓名、总成绩及名次，用结构体指针变量作函数参数实现。

程序代码：

```
#include <stdio.h>
#include <stdlib.h>
#define     N      5                /* 最多的学生人数 */
#define     STU      struct student
STU
{
    int num;
    char name[10];
    int score[4];
    int sum;
    int rank;
};
/*   函数功能：打印 n 个学生的学号、姓名和总成绩等信息
     函数参数：结构体指针 head，指向存储学生信息的结构体数组的首地址
     整型变量 n，表示学生人数
     函数返回值：无
*/

void PrintScore(STU *head,int n)
{
    int i;
    STU   *p=head;
```

```
        printf("\n\n"); /* 打印表头 */
        printf("\t\t                        成绩表\n");
        printf("\t\t ┌────────┬────────┬────────┬────────┐ \n");
        printf("\t\t │学号     │姓  名    │总分     │名次     │ \n");
        for(i=0; i<n; i++)        /* 打印 n 个学生的信息 */
        {
            printf("\t\t ├────────┼────────┼────────┼────────┤ \n");
            printf("\t\t │ %8d",p[i].num);
            printf(" │ %-12s",p[i].name);
            printf(" │ %8d",p[i].sum);
            printf(" │ %8d │ \n",p[i].rank);
        }
        printf("\t\t └────────┴────────┴────────┴────────┘ \n");
        printf("\n\n");
    }


/*  函数功能：计算每个学生的 m 门功课的总成绩
     函数参数：结构体指针 head，指向存储学生信息的结构体数组的首地址
     整型变量 n，表示学生人数
     整型变量 m，表示考试科目
     函数返回值：无
*/
void   TotalScore(STU *head, int n,int m)
{
    int i;
    STU   *p=head;
    for (p=head; p<head+n; p++)
    {
        p->sum = 0;
        for (i=0; i<m; i++)
        {
            p->sum = p->sum + p->score[i];
        }
    }
}
/*  函数功能：用冒泡排序对总成绩排序
     函数参数：结构体数组 p[]，指向结构体数组首地址
     整型变量 n，表示学生人数
     函数返回值：无
*/
```

```
void sort(STU *head,int n)
{
    int i,j;
    STU    t,*p;
    p = head;
     for(i=1;i<n;i++)
          for(j=0;j<n-i;j++)
            if( p[j].sum<p[j+1].sum )
            {
                t=p[j];
                p[j]=p[j+1];
                p[j+1]=t;
            }
            for(i=0;i<n;i++)
                p[i].rank=(i+1);
}
int main( )
{
    int    m=4; /* m 表示四门课程    */
    STU        stu[N]={    {1,"李  杰",{81,88,90,65}},
                          {2,"成大龙",{72,85,83,85}},
                          {3,"周  伦",{70,89,60,84}},
                          {4,"潘玮柏",{80,78,90,74}},
                          {5,"李  龙",{75,80,78,82}}
                    };
    TotalScore(stu,N,m);
    sort(stu,N);
    PrintScore(stu,N);
    return 0;
}
```
程序运行结果如图 10-7 所示。

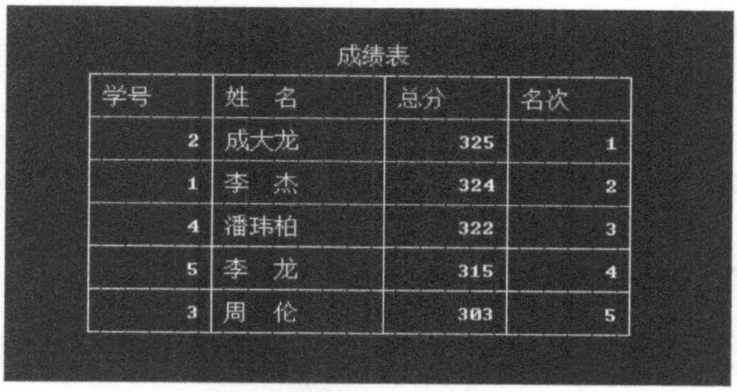

成绩表			
学号	姓 名	总分	名次
2	成大龙	325	1
1	李 杰	324	2
4	潘玮柏	322	3
5	李 龙	315	4
3	周 伦	303	5

图 10-7 例 10-5 程序运行结果

即时通

(1) 程序中定义了两个函数，TotalScore 专门用来计算每个学生的总成绩，PrintScore 用来打印输出每个学生的学号、姓名、总成绩。整个程序结构清晰，符合模块化编程的思想，其形参为结构体指针变量 head。在 main 函数中定义了结构体指针变量 p，并把结构体数组 stu 的首地址赋予它，使 p 指向 stu 数组。

(2) 以结构体指针变量 p 作实参分别调用函数，在函数 TotalScore 中完成计算总成绩，用 PrintScore 输出结果。

(3) 本程序全部采用指针变量作运算和处理，形参与实参指向了同一片存储空间，函数存储空间开销较小，程序效率较高，希望仔细体会并认真学习其用法。

任务 6　动态存储分配与链表

动态内存分配为有效地使用内存开辟了新的使用方式，根据需求随时向系统申请空间，使用完成后及时释放内存空间，不会造成存储空间的浪费。这是后继学习"数据结构"课程必备的基础知识。

一、动态存储分配

1．基础知识

在数组一章中，曾介绍过数组的长度是预先定义好的，在整个程序中固定不变。C 语言中不允许动态数组类型。例如：

```
int n;
scanf("%d",&n);
int a[n];
```

上述语句用变量表示长度，想对数组的大小作动态说明，这是错误的。但是在实际的编程中，往往会发生这种情况，即所需的内存空间取决于实际输入的数据，而无法预先确定。对于这种问题，用数组的办法很难解决。为了解决上述问题，C 语言提供了一些内存管理函数，这些内存管理函数可以按需要动态地分配内存空间，也可把不使用的空间回收待用，为有效地利用内存资源提供了手段。

常用的内存管理函数有以下三个。

(1) 分配内存空间函数 malloc。调用形式如下：

```
(类型说明符*)malloc(size)
```

功能：在内存的动态存储区中分配一块长度为"size"字节的连续区域。函数的返回值为该区域的首地址。"类型说明符"表示把该区域分配给何种数据类型；(类型说明符*)表示把返回值强制转换为该类型指针；"size"是一个无符号整数。

例如：

```
pc=(char *)malloc(100);
```

表示分配 100 个字节的内存空间，并强制转换为字符数组类型，函数的返回值为指向该字符数组的指针，把该指针赋予指针变量 pc。

(2) 分配内存空间函数 calloc。calloc 也用于分配内存空间。调用形式如下：

    (类型说明符*)calloc(n,size)

功能：在内存动态存储区中分配 n 块长度为"size"字节的连续区域。函数的返回值为该区域的首地址。"(类型说明符*)"用于强制类型转换。

calloc 函数与 malloc 函数的区别仅在于一次可以分配 n 块区域。例如：

    ps=(struct stu*)calloc(2, sizeof(struct stu));

其中的 sizeof(struct stu)是求 stu 的结构长度。该语句的意思是：按 stu 的长度分配 2 块连续区域，强制转换为 stu 类型，并把其首地址赋予指针变量 ps。

(3) 释放内存空间函数 free。调用形式如下：

    free(void*ptr);

功能：释放 ptr 所指向的一块内存空间。ptr 是一个任意类型的指针变量，它指向被释放区域的首地址。被释放区应是由 malloc 或 calloc 函数所分配的区域。

2．基本应用

【例 10-6】 分配一块内存区域，输入一个学生数据。

程序代码：

```
#include<stdio.h>
#include<stdlib.h>
int main()
{
    struct stu
    {
        int num;
        char *name;
        char sex;
        float score;
    } *ps;
    ps=(struct stu*)malloc(sizeof(struct stu));
    ps->num=102;
    ps->name="Zhang ping";
    ps->sex='M';
    ps->score=62.5;
    printf("Number=%d\nName=%s\n",ps->num,ps->name);
    printf("Sex=%c\nScore=%f\n",ps->sex,ps->score);
    free(ps);
    return 0;
}
```

程序运行结果如图 10-8 所示。

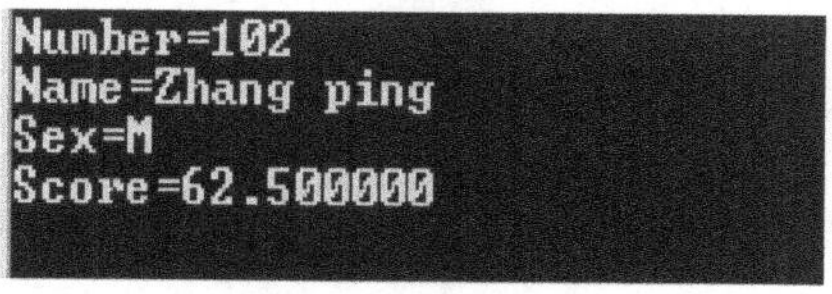

```
Number=102
Name=Zhang ping
Sex=M
Score=62.500000
```

图 10-8　例 10-6 程序运行结果

即时通

(1) 定义了结构 stu 和 stu 类型指针变量 ps，然后分配一块 stu 类型大小的内存区，并把首地址赋予 ps，使 ps 指向该区域。

(2) 以 ps 为指向结构体的指针变量对各成员赋值，并用 printf 输出各成员值，最后用 free 函数释放 ps 指向的内存空间。

(3) 整个程序包含了申请内存空间、使用内存空间、释放内存空间三个步骤，实现存储空间的动态分配。

二、链表的基本概念

1．基础知识

例 10-6 中采用了动态分配的办法为一个无名结构体变量分配内存空间。每一次分配一块空间可用来存放一个学生的数据，我们可称之为一个"结点"。有多少个学生就应该申请分配多少块内存空间，也就是说要建立多少个结点。当然用结构数组也可以完成上述工作，但如果预先不能准确地把握学生人数，也就无法确定数组大小，而且当学生留级、退学之后也不能把该元素占用的空间从数组中释放出来。

用动态存储的方法可以很好地解决这些问题。有一个学生就分配一个结点，无需预先确定学生的准确人数。某学生退学，可删去该结点，并释放该结点占用的存储空间，从而节约了宝贵的内存资源。另一方面，用数组的方法必须占用一块连续的内存区域，而使用动态分配时，每个结点之间可以是不连续的(结点内是连续的)。结点之间的联系可以用指针实现，即在结点结构中定义一个成员项用来存放下一结点的首地址。这个用于存放地址的成员，常把它称为指针域。

可在第一个结点的指针域内存入第二个结点的首地址，在第二个结点的指针域内又存放第三个结点的首地址，如此串联下去直到最后一个结点。最后一个结点因无后续结点连接，其指针域可赋为 NULL。这样一种连接方式，在数据结构中称为"链表"。

图 10-9 为一最简单的链表的示意图。图 10-9 中，第 0 个结点称为头结点，它存放有第一个结点的首地址，它没有数据，只是一个指针变量。以下的每个结点都分为两个域：一个是数据域，存放各种实际的数据，如学号 num、姓名 name、性别 sex 和成绩 score 等；另一个域为指针域，存放下一结点的首地址。链表中的每一个结点都是同一种结构类型。

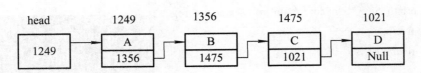

图 10-9　链表结构示意图

2．基本应用

以图 10-9 为例，简要介绍有关链表的基本算法。链表的基本操作包括链表的建立、插入、删除、数据的输出。对于链表的删除与插入将会在"数据结构"课程里进行较为详细的讨论，在这里只给出建立链表和打印数据项的完整算法。

结点的类型定义如下：

```
struct  list
{
    char  data;
    struct  list  *next;
};
```

建立图 10-9 中带头结点的单向链表的主要操作步骤如下：

(1) 读取数据。

(2) 生成结点。

(3) 将数据存入结点的数据域中。

(4) 将新结点插入到链表尾。

(5) 重复上述操作直至输入结束。

【例 10-7】　建立一个如图 10-9 所示的有四个结点的链表。

程序代码：

```
#include<stdio.h>
#include<stdlib.h>
#include<windows.h>
struct  list
{
    char  data;
    struct  list  *next;
};                      /*定义结点类型*/
#define LIST    struct list
LIST *create( )         /*函数返回值为结构体指针类型，即指向结点的指针*/
{   char   ch;
    LIST    *h,*s,*r;
    h=(LIST *)malloc(sizeof(LIST));         /*生成头结点*/
    r=h;
    printf("\n\n   input data:\n");
    scanf("%c",&ch);
    while(ch!='#')                          /*输入字符为 '#' 时表示输入结束*/
    {
        s=(LIST *)malloc(sizeof(LIST));     /*生成一个新结点*/
        s->data=ch;                         /*读入的数据存入新结点的 data 域*/
        r->next=s;                          /*新结点连到表尾*/
```

```
            r=s;                         /* r 指向当前表尾*/
            scanf("%c",&ch);
        }
        r->next=NULL;                    /*设置链表结束标志*/
        return h;                        /*返回表头指针*/
    }
    void print_list(LIST *head)          /*输出链表函数*/
    {
        LIST *p;
        p=head->next;                    /* p 指向表头结点后的第一个结点*/
        if(p==NULL)                      /*链表为空(只有表头结点) */
        {
            printf("\n list is null!\n");
            exit(0);
        }
        printf("head");
        while(p)                         /*判断链表是否结束*/
        {
            printf("->%c",p->data);      /*输出当前结点数据域的值*/
            p=p->next;                   /* p 指向下一个结点*/
        }
    }
    int main( )
    {
        LIST *s;
        s=create();
        print_list(s);
        free(p);
        return 0;
    }
```

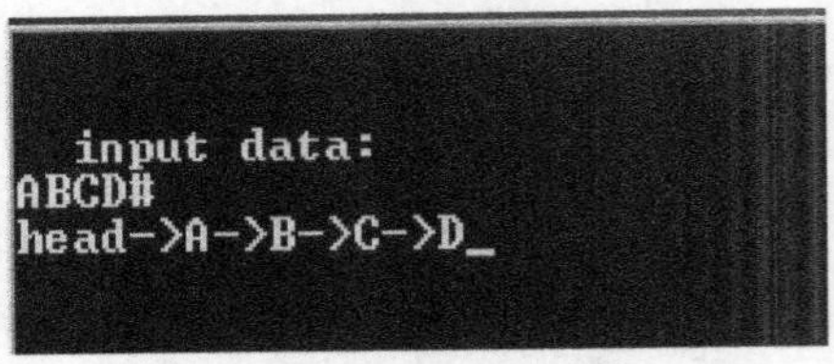

图 10-10　例 10-7 程序运行结果

程序运行结果如图 10-10 所示。

任务 7　共　用　体

在实际的程序设计过程中，有时希望在不同时刻能够把不同类型的数据存储到同一段内存单元中，C 语言中的共用体类型就可以满足这一需求。

一、基础知识

根据学校的教师和学生填写如图 10-11 所示的表格。

姓名	性别	职业	单位
·			
·			
·			

图 10-11　基本信息登记表

"职业"一项可分为"教师"和"学生"两类，对"单位"一项学生应填入班级编号，教师应填某系某教研室。班级可用整型表示，教研室用字符串表示。要求把这两种不同类型的数据都填入"单位"这个变量中，这时就必须把"单位"定义为包含整型和字符型数组这两种类型的"共用体"。要求输入人员的数据，然后显示在屏幕上。

1. 共用体的基本概念

把几种不同类型的变量放到同一段内存单元中，这些变量在内存中所占字节数不同，但都从同一地址(图中假设为 10000)开始存放，任一时间，只能有一种类型的值存放在这一段内存单元中。这种使几个不同的变量共同占用同一段内存的结构，称为"共用体"类型的结构。共用体内存示意图如图 10-12 所示。

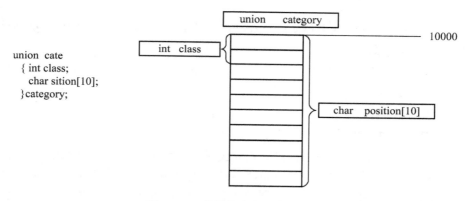

图 10-12　共用体内存示意图

2. 定义共用体类型的一般形式

```
union  共用体名
{   数据类型 成员名;
    数据类型 成员名;
}共用体变量名;
```

共用体定义后，即可定义共用体变量，可以有以下三种方式。

(1) 先定义共用体类型再定义共用体变量。

```
union   cate
{
    int class;
    char position[10];
};
```

```
union    cate    category;    /* category 为 cate 类型 */
```
(2) 定义共用体类型的同时定义共用体变量。
```
union    cate
{
    int class;
    char position[10];
}category;
```
(3) 直接定义共用体类型变量。
```
union
{
    int class;
    char position[10];
}category;
```

3. 共用体变量的引用

不能将一个共用体变量作为整体来引用，只能引用其中的成员，其一般形式为：
```
共用体变量名.成员名;
```
例如对上面已定义的共用体变量 category，可用 category.class 引用，也可以通过指针变量引用共用体变量的成员。
```
union    cate    *p, category;
p=&category;
p->class=501;
```

4. 共用体变量的赋值与使用

对共用体变量的赋值与使用都只能是对变量的成员进行。例如，category 被定义为 cate 类型的变量后，不允许只用共用体变量赋值或输出以及进行其他操作。共用体变量不允许初始化，赋值只能在程序中完成。必须要注意的是，一个共用体变量，每次只能赋予一个成员值。也就是说，一个共用体变量的值只能是共用体变量的某一个成员值。

5. 共用体数据类型的特点

共用体数据类型有以下特点：

(1) 同一个内存段可以用来存放几种不同类型的成员，但是在每一瞬间只能存放其中的一种，而不是同时存放几种。换句话说，每一瞬间只有一个成员起作用，其他的成员不起作用，即不是同时都存在和起作用。

(2) 共用体变量中起作用的成员是最后一次存放的成员，在存入一个新成员后，原有成员就失去作用。

(3) 共用体变量的地址和它的各成员的地址都是同一地址。

(4) 不能对共用体变量名赋值，也不能企图引用变量名来得到一个值，并且，不能在定义共用体变量时对它进行初始化。

(5) 不能把共用体变量作为函数参数，也不能是函数带回共用体变量，但可以使用指向共用体变量的指针。

(6) 共用体类型可以出现在结构体类型的定义中，也可以定义共用体数组。反之，结构体也可以出现在共用体类型的定义中，数组也可以作为共用体的成员。

二、基本应用

【例 10-8】 本节提出的问题的完整程序。

程序代码：

```c
#include<stdio.h>
struct person
{
    char name[10];
    int age;
    char job;
    union   cate
    {
        int class1;
        char   position[10];
    }category;
}person[2];
int main()
{
    int n,i;
    for(i=0;i<2;i++)
    {   printf("\n input name age job category\n");
        scanf("%s %d %c",person[i].name,&person[i].age,&person[i].job);
        if(person[i].job=='t')
            scanf("%s",person[i].category.position);
        else   if(person[i].job=='s')
          scanf("%d",&person[i].category.class1);
        else printf("\n input reeor!\n"); }
    printf("\n\n");
    printf("Name   age   job   class/position\n");
    for(i=0;i<2;i++)
    {
        if(person[i].job=='s')
            printf("%s     %d   %c   %d\n",person[i].name,person[i].age,
            person[i].job,person[i].category.class1);
        else
        printf("%s %d   %c   %s\n",person[i].name,person[i].age,
        person[i].job,person[i].category.position);
```

```
        }
        return 0;
    }
```
程序运行结果如图 10-13 所示。

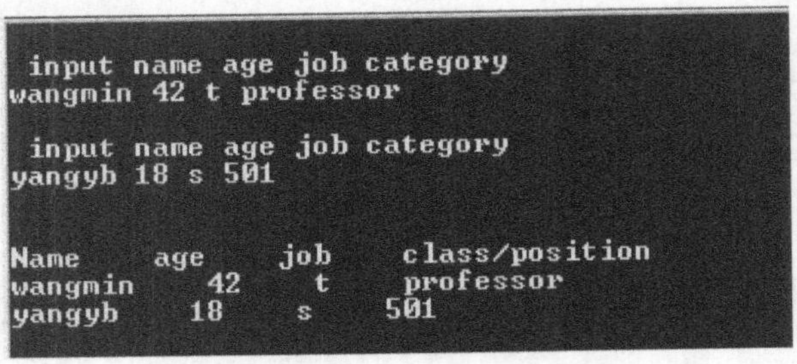

图 10-13　例 10-8 程序运行结果

即时通

（1）在 main 函数之前定义了全局结构体数组 person，在结构体类型声明中包含了共用体类型 category(分类)，它是结构体中的一个成员。在这个共用体中成员为 class 和 position，前者为整型，后者为字符数组(存放"职务"的值——字符串)。

（2）category 的取值由 job 决定。job 是 s(学生)，则共用体 category 中存放学生所在班级的代号(整型)；job 是 t(教师)，则共用体 category 中存放教师所在教研室名称(字符串)。

（3）在输入 name 和 position 的值时，scanf 语句用的是 person[i].name 和 person[i].category.position，没有用取地址运算符"&"。这是由于 name 和 position 都是字符串，存放它们的是字符数组，数组名本身就代表了数组的起始地址。

任务 8　类型定义符 typedef

C 语言不仅提供了丰富的数据类型，而且还允许用户自己定义类型说明符，也就是说，允许用户为数据类型取"别名"。类型定义符 typedef 即可用来完成此功能。例如，有整型量 a、b，其说明如下：

```
    int a, b;
```
其中，int 是整型变量的类型说明符。int 的完整写法为 integer，为了增加程序的可读性，可把整型说明符用 typedef 定义为：

```
    Typedef int INTEGER
```
从这以后就可用 INTEGER 来代替 int 作整型变量的类型说明了。例如：

```
    INTEGER a, b;
```
它等效于：

```
    int a, b;
```
用 typedef 定义数组、指针、结构等类型将带来很大的方便，不仅使程序书写简单而且使意义更为明确，因而增强了可读性。例如：

```
typedef char NAME[20];
```
表示 NAME 是字符数组类型，数组长度为 20。然后可用 NAME 说明变量，如：
```
NAME a1, a2, s1, s2;
```
完全等效于：
```
char a1[20], a2[20], s1[20], s2[20]
```
又如：
```
typedef struct student
{   char  name[20];
    int  age;
    char  sex;
} STU;
```
定义 STU 表示 stu 的结构类型，然后可用 STU 来说明结构变量：
```
STU st1, st2;
```
typedef 定义的一般形式为：
```
typedef   原类型名   新类型名
```
其中，原类型名中含有定义部分，新类型名一般用大写表示，以便于区别。

有时也可用宏定义来代替 typedef 的功能，但是宏定义是由预处理完成的，而 typedef 则是在编译时完成的，后者更为灵活方便。示例如下：
```
#define  STU  struct student
STU
{   char name[20];
    int  age;
    char  sex;
};
STU st1, st2;
```

小　　结

本项目以结构体类型的定义与运用为目标，以结构体数据类型为中心，介绍了结构体的构造，变量的定义、赋值及输入/输出。

结构体变量(结构体数组)作为函数参数时，往往传递的是结构体指针，因此务必掌握结构体指针操纵结构体的用法。

结构体与共用体类型都是复合数据类型，使得用户可根据需要自行构造满足需要的复杂数据。

实　训　题

1. 定义描述日期(年、月、日)的结构体类型。编函数，以参数方式带入某日期，计算相应日期在相应年份是第几天，并以函数值的形式带回。用主函数对所编函数进行验证。

2. 编写一个 print 函数，打印一个学生的结构体成绩数组。该数组中有 3 个学生的数据，每个学生包括学号、姓名、成绩。用主函数输入这些数据，用 printf 函数输出其中成绩最高的学生的姓名。

3. 结构体变量与指向结构体变量的指针作函数参数有什么区别。

4. 假如想逆序打印链表，该如何操作。

5. 程序改错题。

(1) worker 的信息使用结构体存储，从键盘读入其各项信息并显示。

```
#include<stdio.h>
int main()
{
    struct WKER
    {    long ID;
         long int num;
         char name[20];
         char sex;
    /*********Found***********/
    }
    worker.ID = 1L;
    /*********Found***********/
    scanf("%d %s %s", &worker.num, worker.name, &worker.sex);
    /*********Found***********/
    printf("worker's info: num=%d name=%s sex=%s\n",
            worker.num, worker.name, worker.sex);
    return 0;
}
```

(2) 给定程序中的函数 Creatlink 的功能是创建带头结点的单向链表，并为各结点数据域赋 0 到 m − 1 的值。请改正程序中的错误，使它能得出正确的结果。注意：不要改动 main 函数，不得增行或删行，也不得更改程序的结构。

```
#include <stdio.h>
#include <stdlib.h>
typedef struct aa
{
    int data;
    struct aa *next;
}NODE;
NODE *Creatlink(int n,int m)
{
    NODE *h=NULL,*p,*s;
```

```
        int i;
        /********found********/
        p=(NODE )malloc(sizeof(NODE));
        h=p;
        p->next=NULL;
        for(i=1;i<=n;i++)
        {  s=(NODE*)malloc(sizeof(NODE));
           s->data=rand()%m;
           s->next=p->next;
           p->next=s;
           p=p->next;
        }
        /********found********/
        return p;
}
outlink(NODE *h)
{
        NODE *p;
        p=h->next;
        printf("\n\nThe list :\n\nhead");
        while(p)
        {   printf("->%d",p->data);
            p=p->next;
        }
        printf("\n");
}
int main( )
{    NODE *head;
     head=Creatlink(8,22);
     outlink(head);
     return 0;
}
```

项目十一　文　　件

【知识目标】
◆ 理解文件和文件指针的基本概念。
◆ 掌握利用文件指针对文件进行读写的基本顺序。
◆ 掌握文件操作的常用函数。

【能力目标】
◆ 掌握文件读写的基本方法。
◆ 掌握常用文件操作函数的应用。

【引例】
从键盘输入四个学生的数据(姓名，学号，年龄，地址)，写入一个文件中，再读出这四个学生的数据并显示在屏幕上。

姓名	学号	年龄	地址

任务 1　C 文件概述

　　程序运行时，程序本身和数据一般都存放在内存中，当程序运行结束后，存放在内存中的数据就不复存在了。如果需要长期保存程序运行所需要的原始数据或程序运行产生的结果，就需要以文件的形式存放在外部存储设备上，以便提高数据的处理效率。

　　所谓"文件"，是指一组相关数据的有序集合。这个数据集有一个名称，叫做文件名。文件可以是自己建立的，也可以是系统已有的。无论是程序还是数据，存储在外部存储设备上时都是以文件的方式存储的，在使用时才调入内存中来。从不同的角度可对文件作不同的分类。从用户的角度看，文件可分为普通文件和设备文件两种。

　　普通文件是指驻留在磁盘或其他外部介质上的一个有序数据集，可以是源文件、目标文件、可执行程序，也可以是一组待输入处理的原始数据，或者是一组输出的结果。源文件、目标文件、可执行程序可以称作程序文件，输入、输出数据可称作数据文件。

　　设备文件是指与主机相连的各种外部设备，如显示器、打印机、键盘等。在操作系统中，把外部设备也看做是一个文件来进行管理，把它们的输入、输出等同于对磁盘文件的读和写。

　　通常把显示器定义为标准输出文件，一般情况下在屏幕上显示有关信息就是向标准输出文件输出，前面经常使用的 printf、putchar 函数就是这类输出。键盘通常被指定为标准的输入文件，从键盘上输入就意味着从标准输入文件上输入数据。scanf、getchar 函数就属于这类输入。

从文件编码的方式来看，文件可分为 ASCII 码文件和二进制码文件两种。ASCII 码文件也称为文本文件，这种文件在磁盘中存放时每个字符对应一个字节，用于存放对应的 ASCII 码。例如，数 5678 的存储形式为：

ASCII 码：　　　00110101　00110110　00110111　00111000
　　　　　　　　　　↓　　　　　↓　　　　　↓　　　　　↓
十进制码：　　　　　5　　　　6　　　　7　　　　8

共占用 4 个字节。ASCII 码文件可在屏幕上按字符显示，例如源程序文件就是 ASCII 文件，用 DOS 命令 TYPE 可显示文件的内容。由于是按字符显示，因此能读懂文件内容。

二进制文件是按二进制的编码方式来存放文件的。例如，数 5678 的存储形式为：
　　00010110　00101110

只占二个字节。二进制文件虽然也可在屏幕上显示，但其内容无法读懂。C 系统在处理这些文件时，并不区分类型，都看成是字符流，按字节进行处理。

输入、输出字符流的开始和结束只由程序控制而不受物理符号(如回车符)的控制。因此也把这种文件称做"流式文件"。

本章主要介绍文件的一般概念，文件指针以及文件的打开、关闭、读/写等操作。

任务 2　文件的打开与关闭

在对文件进行读、写操作前，首先要进行打开文件的操作，具体操作完成后，需要关闭文件，才能使文件中的数据完整安全。这些操作实际都要依赖于文件指针才能完成。

一、文件指针

在 C 语言中用一个指针变量指向一个文件，这个指针称为文件指针。通过文件指针就可对它所指的文件进行各种操作。

定义说明文件指针的一般形式为：
　　FILE *指针变量标识符；
其中，FILE 应为大写，它实际上是由系统定义的一个结构，该结构中含有文件名、文件状态和文件当前位置等信息。在编写源程序时不必关心 FILE 结构的细节。例如：
　　FILE *fp；
表示 fp 是指向 FILE 结构的指针变量，通过 fp 即可找到存放某个文件信息的结构变量，然后按结构变量提供的信息找到该文件，实施对文件的操作。习惯上也笼统地把 fp 称为指向一个文件的指针。

二、文件的打开与关闭

文件在进行读写操作之前要先打开，使用完毕要关闭。所谓打开文件，实际上是建立文件的各种有关信息，并使文件指针指向该文件，以便进行其他操作。关闭文件则断开指针与文件之间的联系，也就禁止再对该文件进行操作。

在 C 语言中，文件操作都是由库函数来完成的。在本章内将介绍主要的文件操作函数。

1．文件的打开函数 fopen

fopen 函数用来打开一个文件，其调用的一般形式为：

　　文件指针名=fopen(文件名,使用文件方式);

其中，"文件指针名"必须是被说明为 FILE 类型的指针变量；"文件名"是被打开文件的文件名；"使用文件方式"是指文件的类型和操作要求；"文件名"是字符串常量或字符串数组。例如：

　　FILE *fp;

　　fp=("file a","r");

其意义是在当前目录下打开文件 file a，只允许进行"读"操作，并使 fp 指向该文件。

又如：

　　FILE *fphzk;

　　fphzk=("c:\\hzk16","rb");

其意义是打开 C 驱动器磁盘的根目录下的文件 hzk16，假设这是一个二进制文件，只允许按二进制方式进行读操作。两个反斜线 "\\" 中的第一个表示转义字符，第二个表示根目录。

使用文件的方式共有 12 种，下面给出了它们的符号和意义，如表 11-1 所示。

表 11-1　文件打开方式

文件使用方式	意　义
"rt"	只读打开一个文本文件，只允许读数据
"wt"	只写打开或建立一个文本文件，只允许写数据
"at"	追加打开一个文本文件，并在文件末写数据
"rb"	只读打开一个二进制文件，只允许读数据
"wb"	只写打开或建立一个二进制文件，只允许写数据
"ab"	追加打开一个二进制文件，并在文件末写数据
"rt+"	读写打开一个文本文件，允许读和写
"wt+"	读写打开或建立一个文本文件，允许读写
"at+"	读写打开一个文本文件，允许读，或在文件末追加数据
"rb+"	读写打开一个二进制文件，允许读和写
"wb+"	读写打开或建立一个二进制文件，允许读和写
"ab+"	读写打开一个二进制文件，允许读，或在文件末追加数据

对于文件的使用方式有以下几点说明。

文件使用方式由 r、w、a、t、b，+ 六个字符拼成，各字符的含义如表 11-2 所示。

表 11-2 文件使用方式

r (read):	读
w (write):	写
a (append):	追加
t (text):	文本文件，可省略不写
b (banary):	二进制文件
+:	读和写

(1) 凡用"r"打开一个文件时，该文件应已经存在，且只能从该文件读出数据。

(2) 用"w"打开的文件只能向该文件写入。若打开的文件不存在，则以指定的文件名建立该文件，若打开的文件已经存在，则将该文件删去，重建一个新文件。

(3) 若要向一个已存在的文件追加新的信息，只能用"a"方式打开文件，但此时该文件必须是存在的，否则将会出错。

(4) 在打开一个文件时，如果出错，fopen 将返回一个空指针值 NULL。在程序中可以用这一信息来判别是否完成打开文件的工作，并作相应的处理。

因此常用以下程序段打开文件：

```
if((fp=fopen("c:\\hzk16","rb"))==NULL)
{
    printf("\n error open c:\hzk16 file!");
    exit(1);   //exit(0)表示程序正常退出，exit(1)表示打开文件失败退出
}
```

这段程序的意义是，如果返回的指针为空，表示不能打开 C 盘根目录下的 hzk16 文件，则给出提示信息"error open c:\ hzk16 file！"。

把一个文本文件读入内存时，要将 ASCII 码转换成二进制码，而把文件以文本方式写入磁盘时，也要把二进制码转换成 ASCII 码，因此文本文件的读写要花费较多的转换时间。对二进制文件的读写不存在这种转换。

标准输入文件(键盘)、标准输出文件(显示器)、标准出错输出(出错信息)是由系统打开的，可直接使用。

2. 文件的关闭函数 fclose

文件一旦使用完毕，应用关闭文件函数把文件关闭，以避免文件的数据丢失等错误。

fclose 函数调用的一般形式是：

```
fclose(文件指针);
```

例如：

```
fclose(fp);
```

正常完成关闭文件操作时，fclose 函数的返回值为 0。函数返回非零值表示有错误发生。

任务 3　文 件 读 写

对文件的读和写是最常用的文件操作。在 C 语言中提供了多种文件读写的函数，这里主要介绍下面几对常用读写函数。

字符读写函数：fgetc 和 fputc；

字符串读写函数：fgets 和 fputs；

数据块读写函数：fread 和 fwrite；

格式化读写函数：fscanf 和 fprinf。

下面分别予以介绍。使用以上函数都要求包含头文件 stdio.h。

一、字符读写函数 fgetc 和 fputc

字符读写函数是以字符(字节)为单位的读写函数，每次可从文件读出或向文件写入一个字符。

1. 读字符函数 fgetc

1) 基础知识

fgetc 函数的功能是从指定的文件中读一个字符，函数调用的形式为：

　　字符变量=fgetc(文件指针);

例如：

　　char　ch;

　　ch=fgetc(fp);

其意义是从打开的文件 fp 中读取一个字符并送入 ch 中。

对于 fgetc 函数的使用有以下几点说明：

在 fgetc 函数调用中，读取的文件必须是以读或读写方式打开的。读取字符的结果也可以不向字符变量赋值，但是读出的字符不能保存。例如：

　　fgetc(fp);

在文件内部有一个位置指针，用来指向文件的当前读写字节。在文件打开时，该指针总是指向文件的第一个字节。使用 fgetc 函数后，该位置指针将向后移动一个字节。因此可连续多次使用 fgetc 函数，读取多个字符。应注意文件指针和文件内部的位置指针不是一回事。文件指针是指向整个文件的，须在程序中定义说明，只要不重新赋值，文件指针的值是不变的。文件内部的位置指针用以指示文件内部的当前读写位置，每读写一次，该指针均向后移动，它不需在程序中定义说明，而是由系统自动设置的。

2) 基本应用

【例 11-1】　读入文件 c1.txt，在屏幕上输出。假设 c1.txt 文件中存放的就是本例子的源程序。

程序代码：

```
#include<stdio.h>
```

```
#include<windows.h>
int main()
{    FILE *fp;
     char ch;
     if((fp=fopen("c:\\c1.txt","rt"))==NULL)
     {   printf("\n Cannot open file strike any key exit!");
         exit(1);
     }
     ch=fgetc(fp);
     while(ch!=EOF)
     { putchar(ch);
       ch=fgetc(fp);
     }
     fclose(fp);
     return 0;
}
```

程序运行结果如图 11-1 所示。

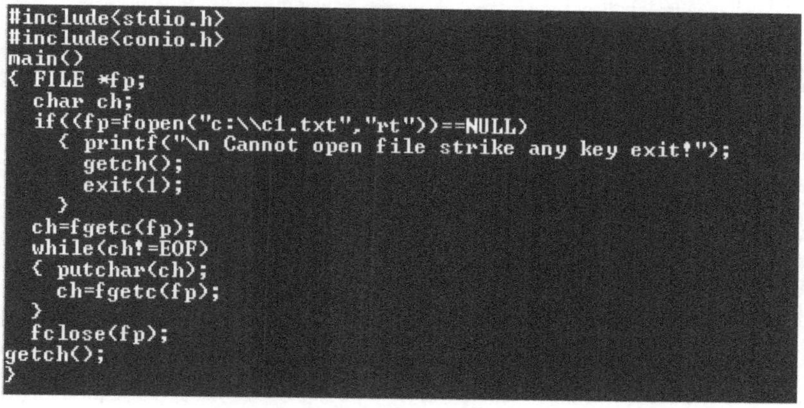

```
#include<stdio.h>
#include<conio.h>
main()
{ FILE *fp;
  char ch;
  if((fp=fopen("c:\\c1.txt","rt"))==NULL)
    { printf("\n Cannot open file strike any key exit!");
      getch();
      exit(1);
    }
  ch=fgetc(fp);
  while(ch!=EOF)
  { putchar(ch);
    ch=fgetc(fp);
  }
  fclose(fp);
getch();
}
```

图 11-1　例 11-1 程序运行结果

即时通

(1) 本程序的功能是从文件中逐个读取字符，在屏幕上显示。程序定义了文件指针 fp，以读文本文件方式打开 C 盘根目录下已建立的 c1.txt 文本文件，并使 fp 指向该文件。如打开文件出错，给出提示并退出程序。

(2) 程序第 12 行先读出一个字符，然后进入循环，只要读出的字符不是文件结束标志(每个文件末有一结束标志 EOF)就把该字符显示在屏幕上，再读入下一字符。每读一次，文件内部的位置指针向后移动一个字符，文件结束时，该指针指向 EOF。执行本程序将显示整个文件。

2. 写字符函数 fputc

1) 基础知识

fputc 函数的功能是把一个字符写入指定的文件中，函数调用的形式为：

```
fputc(字符量，文件指针);
```

其中，待写入的字符量可以是字符常量或变量，例如：

```
fputc('a',fp);
```

其意义是把字符 a 写入 fp 所指向的文件中。

对于 fputc 函数的使用也要说明几点：

被写入的文件可以用写、读写、追加方式打开，用写或读写方式打开一个已存在的文件时将清除原有的文件内容，写入字符从文件首开始。如需保留原有文件内容，希望写入的字符以文件末开始存放，必须以追加方式打开文件。被写入的文件若不存在，则创建该文件。

每写入一个字符，文件内部位置指针向后移动一个字节。

fputc 函数有一个返回值，如写入成功则返回写入的字符，否则返回一个 EOF，可用此来判断写入是否成功。

2) 基本应用

【例 11-2】 从键盘输入一行字符，写入一个文件，再把该文件内容读出显示在屏幕上。

程序代码：

```
#include<stdio.h>
#include<windows.h>
int main()
{   FILE *fp;
    char ch;
    if((fp=fopen("c:\\c2.txt ","w+"))==NULL)        /*打开文件*/
    {    printf("Cannot open file strike any key exit!");
        exit(1);
    }
    printf("input a string:\n");
    ch=getchar();
    while (ch!='\n')                                /*碰到换行时结束输入*/
    {
        fputc(ch,fp);
        ch=getchar();
    }
    rewind(fp);                                     /*让文件指针回到文件头*/
    ch=fgetc(fp);
    while(ch!=EOF)
    {   putchar(ch);
```

```
        ch=fgetc(fp);
    }
    printf("\n");
    fclose(fp);          /*关闭文件*/
    return 0;
}
```

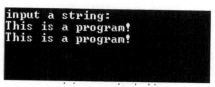

图 11-2　例 11-2 程序运行结果

程序运行结果如图 11-2 所示。

即时通

(1) 程序中第 5 行以读写文本文件方式在 C 盘根目录下新建一个 c2.txt 文件。程序第 10 行从键盘读入一个字符后进入循环，当读入字符不为回车符时，则把该字符写入文件之中，然后继续从键盘读入下一字符。

(2) 每输入一个字符，文件内部位置指针向后移动一个字节。写入完毕，该指针已指向文件末。如要把文件从头读出，须把指针移向文件头，程序第 16 行 rewind 函数用于把 fp 所指文件的内部位置指针移到文件头。

(3) 第 20 至 25 行用于读出文件中的一行内容，显示在标准输出文件屏幕上。

二、字符串读写函数 fgets 和 fputs

1. 读字符串函数 fgets

1) 基础知识

函数的功能是从指定的文件中读一个字符串到字符数组中，函数调用的形式为：

　　fgets(字符数组名,n,文件指针);

其中，n 是一个正整数，表示从文件中读出的字符串不超过 $n-1$ 个字符。在读入的最后一个字符后加上串结束标志 '\0'。例如：

　　fgets(str,n,fp);

此函数调用的意义是从 fp 所指的文件中读出 $n-1$ 个字符送入字符数组 str 中。

对 fgets 函数有两点说明：

(1) 在读出 $n-1$ 个字符之前，若遇到换行符或 EOF，则读出结束。

(2) fgets 函数也有返回值，其返回值是字符数组的首地址。

2) 基本应用

【例 11-3】 从 c3.txt 文件中读入一个含 10 个字符的字符串。假设该文件中存放有 "1234567890" 这 10 个字符。

程序代码：

```
#include<stdio.h>
#include<windows.h>
int main()
{   FILE *fp;
```

```
char str[11];
if((fp=fopen("c:\\c3.txt","r+"))==NULL)
{    printf("\nCannot open file strike any key exit!");
     exit(1);
}
fgets(str,11,fp);
printf("\n%s\n",str);
fclose(fp);
return 0;
}
```

程序运行结果如图 11-3 所示。

1234567890

图 11-3　例 11-3 程序运行结果

即时通

本例定义了一个字符数组 str，共 11 个字节，在以读文本文件方式打开 c 盘根目录下已建立的文件 c3.txt 后，从中读出 10 个字符送入 str 数组，系统在数组最后一个单元内将加上 '\0'，然后在屏幕上显示输出 str 数组。

2. 写字符串函数 fputs

1) 基础知识

fputs 函数的功能是向指定的文件写入一个字符串，其调用形式为：

　　fputs(字符串, 文件指针);

其中，字符串可以是字符串常量，也可以是字符数组名，或指针变量，例如：

　　fputs("abcd", fp);

其意义是把字符串 "abcd" 写入 fp 所指的文件末尾之后。

2) 基本应用

【例 11-4】　在例 11-2 中建立的文件 c2.txt 中追加一个字符串。

程序代码：

```
#include<stdio.h>
#include<windows.h>
int main()
{    FILE *fp;
     char ch,st[20];
     if((fp=fopen("c:\\c2.txt","at+"))==NULL)
     {    printf("Cannot open file strike any key exit!");
          exit(1);
     }
     printf("input a string:\n");
     scanf("%s",st);
```

```
    fputs("\n",fp);          /* 在 c2.txt 文件尾换行 */
    fputs(st,fp);            /*把字符串添加到文件末尾*/
    rewind(fp);
    ch=fgetc(fp);
    while(ch!=EOF)
    {   putchar(ch);
        ch=fgetc(fp);
    }
    printf("\n");
    fclose(fp);
    return 0;
}
```

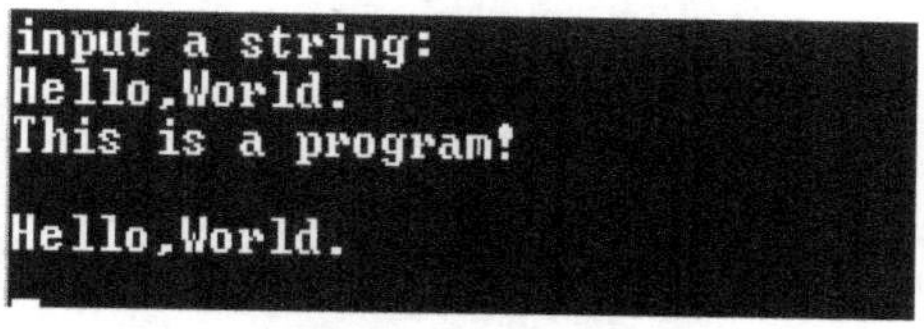

图 11-4　例 11-4 程序运行结果

程序运行结果如图 11-4 所示。

即时通

本例要求在 C 盘根目录下的 c2.txt 文件末加写字符串，因此，在程序第 5 行以追加(at+)读写文本文件的方式打开文件 c2.txt。然后输入字符串，并用 fputs 函数把该串写入文件。在程序第 13 行用 rewind 函数把文件内部位置指针移到文件首，再进入循环，在标准输出文件屏幕上逐个显示当前文件中的全部内容。

三、数据块读写函数 fread 和 fwrite

1. 基础知识

C 语言还提供了用于整块数据的读写函数，可用来读写一组数据，如一个数组元素，一个结构变量的值等。

(1) 读数据块函数调用的一般形式为：

　　fread(buffer,size,count,fp);

(2) 写数据块函数调用的一般形式为：

　　fwrite(buffer,size,count,fp);

其中，buffer 是一个指针，在 fread 函数中，它表示存放输入数据的首地址，在 fwrite 函数中，它表示存放输出数据的首地址；size 表示数据块的字节数；count 表示要读写的数据块块数；fp 表示文件指针。例如：

　　fread(fa,4,5,fp);

其意义是从 fp 所指的文件中，每次读 4 个字节(一个实数)送入实数数组 fa 中，连续读 5 次，即读 5 个实数到 fa 中。

对于 fread 函数的使用也要说明几点：

fread 函数和 fwrite 函数文件的数据块读/写函数，一般用于二进制文件的输入输出，当文件以二进制形式打开时，它们可以读/写任何数据类型的信息。

如果 fread 函数和 fwrite 函数调用成功，则函数返回值为 count 的值，即输入或输出数据的完整个数。

2. 基本应用

【例 11-5】 从键盘输入四个学生的数据，写入 C:\stu_list.dat 文件中，再读出这四个学生的数据显示在屏幕上。

程序代码：

```
#include<stdio.h>
#include<windows.h>
#define SIZE 4
struct student
{
    char name[10];
    int num;
    int age;
    char addr[10];
}s[SIZE];
void save( )       /*把数据从结构体数组保存到文件*/
{
    FILE *fp;
    int i;
    if((fp=fopen("c:\\stu_list.dat","wb+"))==NULL)
    {
        printf("Cannot open file any key exit!");
        getch();
        exit(1);
    }
    for(i=0;i<SIZE;i++)
        if(fwrite(&s[i],sizeof(struct student),1,fp)!=1)
            printf("file write error!\n");
    fclose(fp);
}
void  load()         /*把数据从文件恢复到结构体数组中*/
{
    FILE *fp;
    int i;
    if((fp=fopen("c:\\stu_list.dat","rb"))==NULL)
    {
        printf("Cannot open file any key exit!");
        exit(1);
```

```
        }
        for(i=0;i<SIZE;i++)
        {
            fread(&s[i],sizeof(struct student),1,fp);
            printf("%-10s%4d %4d %-10s\n",s[i].name,s[i].num,s[i].age,s[i].addr);
            fclose(fp);
        }
    }
    int main()
    {
        int i;
        printf("\n input 4 student data:\n");
        for(i=0;i<SIZE;i++)
        scanf("%s%d%d%s",s[i].name,&s[i].num,&s[i].age,s[i].addr);
         save();
        printf("output the student data:\n");
        load();
        return 0;
    }
```

程序运行结果如图 11-5 所示。

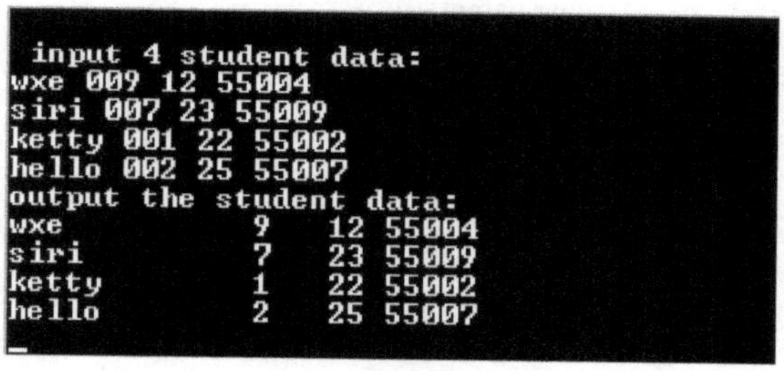

图 11-5　例 11-5 程序运行结果

即时通

(1) 在 main 函数中，从键盘上输入 4 个学生的数据，然后调用 save 函数，将这些数据输出到 C 盘根目录下 stu_list 文件中，fwrite 函数的作用是将一个长度为 24 字节的数据块写到 stu_list 文件中。

(2) 为了验证 stu_list 文件中是否存在所输入的数据，main 函数调用 load 函数，从 stu_list 文件中读入数据，然后显示出来。

(3) 注意无论是输入还是读出数据均是使用二进制方式，所以 save 中写数据是用(wb+)方式，load 中读数据是用(rb)方式。

四、格式化读写函数 fscanf 和 fprintf

1. 基础知识

fscanf 函数、fprintf 函数与前面使用的 scanf 和 printf 函数的功能相似，都是格式化读写函数。两者的区别在于 fscanf 函数和 fprintf 函数的读写对象不是键盘和显示器，而是磁盘文件。

这两个函数的调用格式为：

(1)　fscanf(文件指针, 格式字符串, 输入表列);

(2)　fprintf(文件指针, 格式字符串, 输出表列);

例如：

```
fscanf(fp, "%d%s", &i,s);
fprintf(fp, "%d%c", j, ch);
```

用 fscanf 和 fprintf 函数也可以完成例 11-5 的问题，修改后的程序如例 11-6 所示。

2. 基本应用

【例 11-6】　用 fscanf 和 fprintf 函数完成例 11-5 的问题。

程序代码：

```c
#include<stdio.h>
#include<windows.h>
#define  SIZE  8
struct student
{
    char name[10];
    int num;
    int age;
    char addr[12];
}s[SIZE];

void save()
{
    FILE *fp;
    int i;
    if((fp=fopen("c:\\stu_list.txt","w+"))==NULL)
    {
        printf("Cannot open file any key exit!");
        exit(1);
    }
    for(i=0;i<4;i++)
    {
        fprintf(fp,"%s %d %d %s\n",s[i].name,s[i].num,s[i].age,s[i].addr);}
        fclose(fp);
    }
void    load()
{
    FILE *fp;
    int i;
```

```
        if((fp=fopen("c:\\stu_list.txt","r"))==NULL)
        {
            printf("Cannot open file any key exit!");
            getch();
            exit(1);
        }
        for(i=4;i<SIZE;i++)
        {
            fscanf(fp,"%s %d %d %s",s[i].name,&s[i].num,&s[i].age,s[i].addr);
        }
        fclose(fp);
    }


    int main()
    {
        int i;
        printf("\n input 4 student data:\n");
        for(i=0;i<4;i++)
        scanf("%s%d%d%s",s[i].name,&s[i].num,&s[i].age,s[i].addr);
        save();
        load();
        printf("\noutput the data:\n");
        for(i=4;i<SIZE;i++)
        printf("%s\t%d\t%d\t%s\n",s[i].name,s[i].num,s[i].age,s[i].addr);
        return 0;
    }
```

程序运行结果如图 11-6 所示。

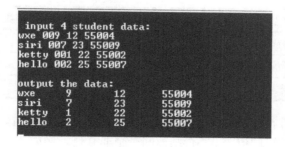

图 11-6　例 11-6 程序运行结果

即时通

(1) 与例 11-5 相比,本程序中的 fscanf 和 fprintf 函数每次只能读写一个结构数组元素,因此采用了循环语句来读写全部数组元素。

(2) 还要注意结构体数组的元素个数为 8 个，在 save 函数中读入第一到第四个数组元素到文本文件 stu_list.txt 中，在 load 函数中为了证明结构体数组 S[SIZE]中的第一到第四个数组元素正确地写入了文本文件 stu_list.txt，把 stu_list.txt 文件中读出的数据存入了结构体数组 S[SIZE]中的第五到第八个元素里。

任务 4　文件的随机读写

从文件头开始读写数据的方式称为顺序读写，即读写文件只能从头开始，顺序读写各个数据。但在实际问题中常要求只读写文件中某一指定的部分。为了解决这个问题，可移动文件内部的位置指针到需要读写的位置，再进行读写，这种读写称为随机读写。

一、基础知识

1. 文件定位

按要求移动文件内部位置指针称为文件定位，实现随机读写的关键是按要求移动位置指针，可以使用 rewind 函数和 fseek 函数来实现。

(1) 文件指针返回到文件头部函数 rewind。其调用形式为：

　　rewind(文件指针);

它的功能是把文件内部的位置指针移到文件开头，此函数没有返回值。

(2) 移动文件内部位置指针函数 fseek。其调用形式为：

　　fseek(文件指针, 位移量, 起始点);

其中："文件指针"指向被移动的文件。"位移量"表示移动的字节数，要求位移量是 long 型数据，以便在文件长度大于 64 KB 时不会出错，当用常量表示位移量时，要求加后缀"L"。"起始点"表示从何处开始计算位移量，规定的起始点有三种：文件首、当前位置和文件尾。其表示方法如表 11-3 所示。

表 11-3　文件内部位置表示符号

起始点	表示符号	数字表示
文件首	SEEK_SET	0
当前位置	SEEK_CUR	1
文件末尾	SEEK_END	2

它的功能是将文件指针指到以"起始位置"定位点为初始位置、移动"位移量"字节后的位置上。成功函数返回值为 0，否则返回一个非 0 值。例如：

　　fseek(fp, 100L, 0);

其意义是把位置指针移到离文件首 100 个字节处。

还要说明的是，fseek 函数一般用于二进制文件，在文本文件中由于要进行转换，故往往计算的位置会出现错误。

（3）返回文件当前指针位置函数 ftell。其调用形式为：

ftell(文件指针);

它的功能是得到流式文件中的当前位置。成功时返回当前位置，出错时返回 −1L。

需要说明的是，它是用相对于文件开头的位移量来表示的。因为文件中的位置指针经常移动，有时候不容易辨清文件指针当前的位置，它可以指明位置指针的当前位置。例如：假设 i 存放当前位置，若调用函数出错，则输出 "error"。

i = ftell(fp);

if(i==-1L) printf("error\n");

2. 文件的随机读写

在移动位置指针之后，即可用前面介绍的任一种读写函数进行读写。由于一般是读写一个数据块，因此常用 fread 和 fwrite 函数。

二、基本应用

【例 11-7】 读出例 11-5 建立的学生数据文件 "c:\stu_list.dat" 中第奇数个学生的数据。

程序代码：

```
#include<stdio.h>
#include<windows.h>
#define    SIZE   4
struct student
{
    char name[10];
    int num;
    int age;
    char addr[10];
}s[SIZE];
int main()
{
    int i;
    FILE   *fp;
    if((fp=fopen("c:\\stu_list.dat","rb"))==NULL)
    {
        printf("can not open file\n");
        exit(1);
    }
    for(i=0;i<SIZE;i+=2)
    {
        fseek(fp,i*sizeof(struct student),0);
        fread(&s[i], sizeof(struct student),1,fp);
```

```
        printf("%s %d %d %s\n",s[i].name,s[i].num,s[i].age,s[i].addr);
    }
    fclose(fp);
    return 0;
}
```

【程序运行结果】程序运行结果如图 11-7 所示。

图 11-7　例 11-7 程序运行结果

即时通

　　文件 stu_list 已由例 11-5 的程序建立在 C 盘根目录下面，本程序用随机读出的方法读出第奇数个学生的数据。以读二进制文件的方式打开文件，程序第 16 行移动文件位置指针。其中的 i 值每次增加 2，表示从文件头开始，移动两个 s 类型的长度，这样第一次读出的是第一个学生的数据，然后再读出的数据即为第三个学生的数据。

任务 5　文件检测函数

　　C 语言提供了一些文件检测函数，用来检查输入/输出函数调用中的错误或文件是否结束。以下具体介绍检测函数。

1．文件结束检测函数 feof

调用格式：

　　feof(文件指针);

功能：判断文件是否处于文件结束位置，如文件结束，则返回值为 1，否则为 0。

2．读写文件出错检测函数 ferror

调用格式：

　　ferror(文件指针);

功能：检查文件在用各种输入输出函数进行读写时是否出错，如 ferror 返回值为 0 表示未出错，否则表示有错。

　　需要说明的是，在调用一个输入、输出函数后立即检查 ferror 函数的值，否则信息会丢失。在执行 fopen 函数时，ferror 函数的初始值自动置为 0。

3．文件出错标志和文件结束标志置 0 函数 clearerr

调用格式：

　　clearerr(文件指针);

功能：本函数用于清除出错标志和文件结束标志，使它们为 0 值。

即时通

　　C 语言对文件操作时通过调用库函数来完成。本章着重介绍了文件、文件指针的概念，文件的打开与关闭，文件的读写与文件的定位等基本操作。特别介绍了文件的字符级、字符串级、数据块级、格式化的输入与输出函数。这些都在文件操作中经常运用。

  C 系统把文件当作一个"流",按字节进行处理。

  C 文件按编码方式分为二进制文件和 ASCII 文件。

  C 语言中,用文件指针标识文件,当一个文件被打开时,可取得该文件指针。

  文件在读写之前必须打开,读写结束必须关闭。

  文件可按只读、只写、读写、追加四种操作方式打开,同时还必须指定文件的类型是二进制文件还是文本文件。

  文件可按字节、字符串、数据块为单位读写,文件也可按指定的格式进行读写。

  文件内部的位置指针可指示当前的读写位置,移动该指针可以对文件实现随机读写。

  为方便查询,把本章介绍的函数列出如表 11-4 所示。

表 11-4　文件使用函数

分　类	函数名	功　　能
打开/关闭文件	fopen()	打开文件
	fclose()	关闭文件
文件定位	fseek()	改变文件位置指针的位置
	rewind()	使文件位置指针重新置于文件开头
	ftell()	返回文件位置指针的当前值
文件状态	feof()	若到文件末尾,函数值为真
	ferror()	若对文件操作出错,函数值为真
	clearerr()	使 ferror 和 feof()函数值置零
文件读写	fgetc(),getc()	从指定文件取得一个字符
	fputc(),putc()	把字符输出到指定文件
	fgets()	从指定文件读取字符串
	fputs()	把字符串输出到指定文件
	fread()	从指定文件中读取数据项
	fwrite()	把数据项写到指定文件中
	fscanf()	从指定文件按格式输入数据
	fprintf()	按指定格式将数据写到指定文件中

任务 6　文件综合实例

本任务将通过一个综合的例子,展示文件在数据处理中的一些应用。

【例 11-8】　假设一个学生的数据如下表所示。

学号	姓名	成绩 1	成绩 2	成绩 3	总分	名次

请设计一个程序来完成如下功能：

(1) 从键盘上输入基本数据(不包括总分和名次)。

(2) 从文件导入基础数据(不包括总分和名次)。

(3) 计算每一个同学的总分并排序。

(4) 显示姓名、总分、名次。

(5) 显示全部数据。

(6) 把数据写入文件并退出程序。

程序代码：

```c
#include<stdio.h>

#include<string.h>

#include<conio.h>

#include<stdlib.h>

#include<windows.h>

#define    N 3         /* 每个学生 3 门功课的成绩 */


   /*   结构体类型定义   */
typedef struct student
{
    int num;           /* 每个学生的学号，假定学号为四位数整数 */
    char name[10];     /* 每个学生的姓名 */
    int score[N];      /* 每个学生 3 门功课的成绩 */
    int sum;           /* 每个学生的总成绩 */
    int rank;          /* 每个学生的排名 */
}STU;


typedef struct data
{
    STU *s;            /* 指向结构体变量的指针   */
    int num;           /*   学生个数 */
}DATA;
/*   函数声明      */
DATA getData();
void set3();
void save(STU *s,int num);
DATA load();
void showTitle1();
void getTotal(STU *p,int cnt);
void showTitle2();
```

```
void sortBySum(STU *p,int cnt);
void print(STU *p,int cnt);
void printAll(STU *p,int cnt);
int main(void)
{
    int i;
    DATA   m;
    while(1)
    {
        system("cls.exe");
        printf("*******************************************************************");
        printf("\t\t\t\t\t                              主菜单");
        printf("\n\n\n");
        printf("                              1：输入数据(键盘输入) \n\n");
        printf("                              2：数据导入(文件导入) \n\n");
        printf("                              3：计算总分并排序   \n\n");
        printf("                              4： 显示姓名、总分、名次 \n\n");
        printf("                              5：显示全部数据      \n\n");
        printf("                              6：存储数据        \n\n");
printf("*******************************************************************");
/*  输入数据的方式在"1"和"2"中只能选择一种 */
        printf("\n 请输入数字 1-6 选择：");
        scanf("%d",&i);
        system("cls.exe");
        switch(i)
        {
          case 1: m=getData(); getch();continue;
          case 2: m = load(); if(!m.s) break; else { getch();continue;}
          case 3: getTotal(m.s,m.num); getch();continue;
          case 4: print(m.s,m.num); getch();continue;
          case 5: printAll(m.s,m.num); getch();continue;
          case 6: save(m.s,m.num);set3(); getch();break;
          default :    printf("**************************************************");
           printf("\n\n\n\n\n\n\n\n");
           printf("                输入错误，请重新输入数字 1-6 选择\n");
           printf("\n\n\n\n\n\n\n\n");
           printf("              <按任意键返回主菜单>\n\n\n\n\n");
           printf("**************************************************");
```

```
                    getch();
                    continue;
                }
                break;
        }
        return 0;
}
/*  从键盘输入数据      */
DATA getData( )
{   int i,j,cnt;
    STU   *pt;
    DATA   m;
    m.s = NULL;
    m.num = 0;
    printf("输入学生人数:");
    scanf("%d",&cnt);
    if(cnt > 0)
    {   /* 动态申请一个结构体数组   */
        pt = (STU *)malloc(sizeof(STU)*cnt);
        while(!pt)
        {
            pt = (STU *)malloc(sizeof(STU)*cnt);
        }
        for(i=0;i<cnt;i++)
        {   printf(" 请输入第%d 数据:\n",(i+1));
            printf("\t------------------------------------------\n");
            printf("\t 学号:");
            scanf("%d",&pt[i].num);
            printf("\n\t 姓名:");
            scanf("%s",pt[i].name);
            for(j=0;j<N;j++)
            {   printf("\n\t 输入第%d 科成绩:",(j+1));
                scanf(" %d",&pt[i].score[j]);
            }
            system("cls.exe");
        }
        m.s = pt;
        m.num = cnt;
```

```
            printf("\n 输入数据完成！ ");
            printf("按任意键继续！ ");
            getch();
            return m;
        }
        else
        {
            printf("没有输入数据，按任意键退出！ \n");
            exit(0);
        }
}
/* 从文件导入基础数据 */
DATA   load()
{   FILE *fp;
    char   buf[80] ;
    STU    t,*pt;
    DATA   m;
    int i=0,cnt=0; /* cnt 数据文件中数据行数   */
    m.s = NULL;
    m.num = 0;
    printf("请带路径输入数据文件:");
    /*   假定在 c 盘根目录下面有数据文件 stu_list.txt 文件，
         则输入"c:\\stu_list.txt"   */
    scanf("%s",buf);
    if((fp=fopen(buf,"r"))==NULL)
    {   printf("Cannot open file any key exit!\n");
        printf("按任意键退出!");
        return m;
    }
    fscanf(fp,"%d",&cnt);
    if(cnt>0)
    {   /* 动态申请一个结构体数组，数组大小为 cnt   */
        pt = (STU *)malloc(sizeof(STU)*cnt);
        while(!pt)
        {
            pt = (STU *)malloc(sizeof(STU)*cnt);
        }
        printf("学号\t 姓名\t(1)\t(2)\t(3)\n");
```

```
            printf("-----------------------------------------\n");
            fscanf(fp,"%d %s %d %d %d",&t.num,&t.name,
             &t.score[0],&t.score[1],&t.score[2]);
            while(!feof(fp))
            {
                printf("%d\t%s\t%d\t%d\t%d\n",t.num,t.name,
                        t.score[0],t.score[1],t.score[2]);
                pt[i++] = t;
                fscanf(fp,"%d %s %d %d %d",&t.num,&t.name,
                 &t.score[0],&t.score[1],&t.score[2]);
            }
            if(ferror(fp))
            clearerr(fp);
            fclose(fp);
            getchar();
            printf("\n 数据导入完成");
            printf("按任意键继续!");
            m.s = pt;
            m.num = cnt;
            return m;
        }
        else
        {
            printf("数据文件为空!\n");
            printf("按任意键退出!");
            m.num = 0;
            m.s = NULL;
            return m;
        }
    }
    /* 计算总分并排序   */
    void getTotal(STU *p,int cnt)
    {
        int i,j,sum;
        for(i=0;i<cnt;i++)
        {   sum=0;
            for(j=0;j<N;j++)
                sum=sum+p[i].score[j];
```

```
                p[i].sum=sum;
        }
    sortBySum(p,cnt);
    for(i=0;i<cnt;i++)
        p[i].rank = (i+1);
    printf("数据计算与排序完成\n");
    printf("按任意键继续！ ");
}
/*  选择排序，根据总分进行排序   */
void sortBySum(STU *p,int cnt)
{   int i,j,maxindex;
    STU t;
    for(i=0;i<cnt-1;i++)
    {
        maxindex=i;
        for(j=i+1;j<=cnt-1;j++)
            if(p[maxindex].sum<p[j].sum)
                    maxindex = j;
        if(i!=maxindex)
        {   t = p[i];
            p[i] = p[maxindex];
            p[maxindex] = t;
        }
    }
}
void set3()
{
    printf("\n\t 数 据 存 储 完 成。 ");
    printf("\n\t Think you for use!");
    printf("\n\t See you next time!\n");
}
/*  把数据写入文件   */
void save(STU *p,int num)
{   FILE *fp;
    int i;
    /*  假定写入 d 盘根目录下的 stu_list_result.txt 文件中   */
    if((fp=fopen("d:\\stu_list_result.txt","w+"))==NULL)
    {   printf("Cannot open file any key exit!");
```

```
                getch();
            }
        printf("数据存储到文件 d:\\stu_list_result.txt\n");
        fprintf(fp,"%s","学号\t 姓名\t 成绩 1\t 成绩 2\t 成绩 3\t 总分\t 名次\n");
        printf(fp,"%s","----------------------------------------------\n");
        for(i=0;i<num;i++)
        {   fprintf(fp,"%d\t%s\t%d\t%d\t%d\t%d\t%d\n",p[i].num,p[i].name,
            p[i].score[0],p[i].score[1],p[i].score[2],p[i].sum,p[i].rank);
        }
        fclose(fp);
        free(p);
}
void showTitle1()
{   printf("学号\t 姓名\t(1)\t(2)\t(3)\t 总分\t 名次\n");
    printf("------------------------------------\n");
}
void showTitle2()
{
    printf("学号\t 总分\t 名次\n");
    printf("------------------------------------\n");
}
    /*   打印姓名、成绩、名次   */
    void print(STU *p,int cnt)
    {
        int i;
        showTitle2();
        for(i=0;i<cnt;i++)
        {
            printf("%s\t%d\t%d\n",p[i].name,p[i].sum,p[i].rank);
            if((i+1)%20==0)
            {
                getch();
                system("cls.exe");
                showTitle2();
            }
        }
        printf("-------------------------------------------\n");
        printf("按任意键继续！ ");
    }
```

```
/* 打印所有数据     */
void printAll(STU *p,int cnt)
{
    int i;
    showTitle1();
    for(i=0;i<cnt;i++)
    {   printf("%d\t%s\t%d\t%d\t%d\t%d\t%d\n",p[i].num,p[i].name,
            p[i].score[0],p[i].score[1],p[i].score[2],p[i].sum,p[i].rank);
            if((i+1)%20==0)
            {   getch();
                system("cls.exe");
                showTitle1();
            }
    }
    printf("------------------------------------------------\n");
    printf("按任意键继续！ ");
}
```

即时通

本程序在运行时要注意以下几个地方：

(1) 数据的输入没有作错误检查，因此需要按照程序的假定输入正确的数据，学号一律为四位数的整数，成绩一律为百分制。

(2) 数据的输入方式只能在"1"和"2"中选一种。

(3) 数据处理后一律写入文件"d:\ stu_list.txt_result.txt"，可以自己稍作修改存放于其他地方。

运行程序后，将会显示主界面如图 11-8 所示。

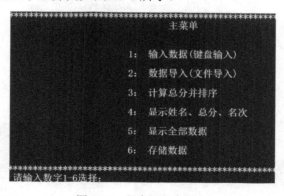

图 11-8　程序运行主界面

数据的输入有两种方式。如果选择菜单"1"从键盘输入，则按照提示输入基本数据后，再依次选择菜单"3, 4, 5, 6"即可。如果选择菜单"2"从文件导入基础数据，则需按照下列步骤进行：

(1) 在 C 盘根目录下建立一个名字为 "stu_list.txt" 的文本文件。

(2) 按照图 11-9 格式在该文本文件中准备好数据。数据文件的第一行是数据的个数，从第二行开始为数据，一行为一个学生数据，一行内的数据与数据之间用空格分开。

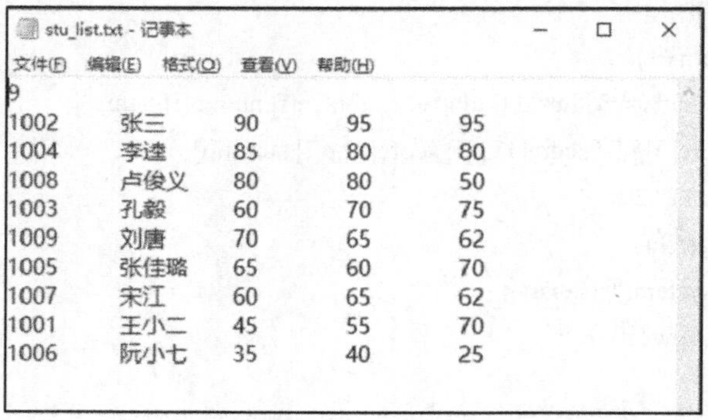

图 11-9　数据导入文件格式

(3) 输入数字 "2"，按下 Enter 键后，输入该文本文件的完整路径，注意路径中的 "\"，由于它本身是转义字符，所以要输入两次。数据文件导入界面如图 11-10 所示。

请带路径输入数据文件:c:\\stu_list.txt

图 11-10　数据文件导入界面

(4) 如果数据文件导入成功，则显示导入的数据，如图 11-11 所示。

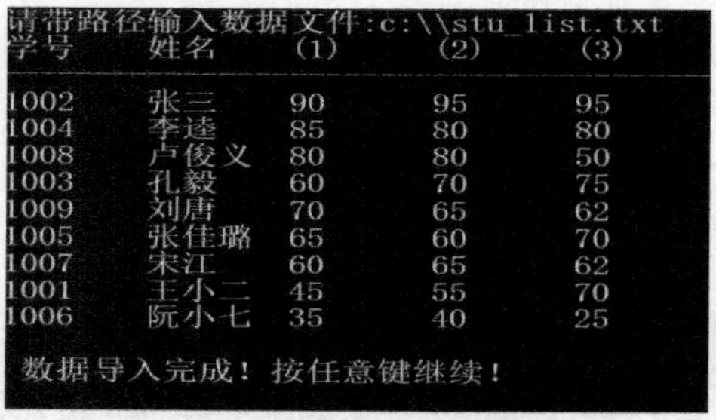

图 11-11　数据文件导入成功

(5) 按下任意键，返回主界面后，可依次选择菜单 "3, 4, 5"，运行结果分别如图 11-12、图 11-13、图 11-14 所示。

图 11-12　数据计算与排序

图 11-13　显示学号总分及名次

学号	姓名	(1)	(2)	(3)	总分	名次
1002	张三	90	95	95	280	1
1004	李逵	85	80	80	245	2
1008	卢俊义	80	80	50	210	3
1003	孔毅	60	70	75	205	4
1009	刘唐	70	65	62	197	5
1005	张佳璐	65	60	70	195	6
1007	宋江	60	65	62	187	7
1001	王小二	45	55	70	170	8
1006	阮小七	35	40	25	100	9

按任意键继续！

图 11-14 显示计算后的全部数据

(6) 在主界面中选择数字“6”，可把数据按图 11-14 所示的格式写入到 D 盘根目下。本程序设定写入“d:\stu_list_result.txt”文件中，读者根据需要自行在程序中设定写入位置。运行结果如图 11-15 所示。

stu_list_result.txt - 记事本

文件(F) 编辑(E) 格式(O) 查看(V) 帮助(H)

学号	姓名	成绩1	成绩2	成绩3	总分	名次
1002	张三	90	95	95	280	1
1004	李逵	85	80	80	245	2
1008	卢俊义	80	80	50	210	3
1003	孔毅	60	70	75	205	4
1009	刘唐	70	65	62	197	5
1005	张佳璐	65	60	70	195	6
1007	宋江	60	65	62	187	7
1001	王小二	45	55	70	170	8
1006	阮小七	35	40	25	100	9

图 11-15 最终运行结果

需要注意的是，以上两种输入数据的方式任选一种，程序运行结束后都会把计算结果写入“d:\stu_list_result.txt”文件中。

小 结

本项目以文件的基本操作为目标，以文件操作为中心，介绍 C 语言中文件操作的常用函数及其用法。

理解文件及文件指针的概念，文件可以分为文本文件和二进制文件两种存储方式，输入是指从文件向内存变量输入数据，输出是指把内存变量的值写入到文件中。

C 语言文件操作遵循文件打开、操作、关闭三个基本流程。

实 训 题

1. 建立 C:\text.txt 文件，写入一行字符串。
2. 从键盘上输入 n 个整数，存入文本文件 123.txt 中。
3. 文件 123.txt 中存放了一组整数，统计并输出文件中正整数、零和负整数的个数。

4. 存在一个磁盘文件 myfile.c，第一次把它显示在屏幕上，第二次把它复制到另一个文件上去。

5. 程序改错题。

(1) 将若干学生的档案存放在一个文件中，并显示其内容。

```c
struct student
{
    int num;
    char name[10];
    int age;
};
struct student stu[3]={{001,"Li Mei",18},{002,"Ji Hua",19}, {003,"Sun Hao",18} };
#include <stdio.h>
int main()
/**********FOUND**********/
{
    struct student p;
    /**********FOUND**********/
    file fp;
    int i;
    if((fp=fopen("stu_list","wb"))==NULL)
    {
        printf("cannot open file\n");
        return;
    }
    /**********FOUND**********/
    for(*p=stu;p<stu+3;p++)
        fwrite(p,sizeof(struct student),1,fp);
    fclose(fp);
    fp=fopen("stu_list","rb");
    printf(" No.   Name        age\n");
    for(i=1;i<=3;i++)
    {
        fread(p,sizeof(struct student),1,fp);
        /**********FOUND**********/
        printf("%4d %-10s %4d\n",*p.num,p->name,(*p).age);
    }
    fclose(fp);
    return 0;
}
```

(2) 打开文件 C:\te.txt 并判断打开是否成功，然后关闭文件。

```c
#include<stdio.h>
int main()
{
    FILE *fp;
    /*********Found***********/
     char fileName[] = "c:\te.txt";
    /*********Found***********/
       fp = fopen(fileName, "wt");
    /*********Found***********/
    if (fp == EOF)
    {
         puts("File Open Error!");
         exit(1);
    }
    putchar(fgetc(fp));
    /*********Found***********/
     close();
     return 0;
}
```

附　　录

附录 1　C 语言的关键字

auto	break	case	char
const	continue	default	do
double	else	enum	extern
float	for	goto	if
int	long	register	return
short	signed	static	sizeof
struct	switch	typedef	union
unsigned	void	volatile	while

附录 2　C 语言基本语句

(1) if…else…(条件语句)

(2) switch(多分支语句)

(3) for…(循环语句)

(4) while…(循环语句)

(5) do…while(循环语句)

(6) continue(结束本次循环后继续语句)

(7) break(中止语句 switch 或循环语句)

(8) return(函数返回语句)

(9) goto(无条件转向语句)

(10) "="赋值语句

附录3　运算符的优先级与结合性

优先级	运算符	名　　称	运算对象的个数	结合方向
1	( )	圆括号		从左至右
	[ ]	下标运算符		
	->	指向成员运算符		
	.	结构体、共用体成员运算符		
2	!	逻辑非运算符	1 (单目运算符)	从右至左
	~	按位取反运算符		
	++	自增运算符		
	--	自减运算符		
	-	负号运算符		
	(类型)	类型转换运算符		
	*	指针运算符		
	&	取地址运算符		
	Sizeof	求存储长度运算符		
3	*	乘法运算符	2 (双目运算符)	从左至右
	/	除法运算符		
	%	求余运算符		
4	+	加法运算符	2 (双目运算符)	从左至右
	-	减法运算符		
5	<<	左移运算符	2 (双目运算符)	从左至右
	>>	右移运算符		
6	<	关系运算符	2 (双目运算符)	从左至右
	<=			
	>			
	>=			
7	==	等于运算符	2 (双目运算符)	从左至右
	!=	不等于运算符		

续表

优先级	运算符	名　称	运算对象的个数	结合方向
8	&	按位与运算符	2 (双目运算符)	从左至右
9	^	按位异或运算符	2 (双目运算符)	从左至右
10	|	按位或运算符	2 (双目运算符)	从左至右
11	&&	逻辑与运算符	2 (双目运算符)	从左至右
12	||	逻辑或运算符	2 (双目运算符)	从左至右
13	? :	条件运算符	3 (三目运算符)	从右至左
14	= += -= *= /= %= >>= <<= &= ^= |=	赋值运算符	2 (双目运算符)	从右至左
15	,	逗号运算符(顺序求值运算符)		从左至右

说明:

(1) 同一优先级的运算符优先级别相同, 运算次序由结合方向决定。例如 * 与 / 具有相同的优先级别, 其结合方向为从左至右, 因此 4*5/3 的运算次序是先乘后除。

(2) 不同的运算符要求有不同的运算对象个数, 如 + (加)和 − (减)为双目运算符, 要求在运算符两侧各有一个运算对象(如 3 + 6)。而 ++ 和 − (负号)运算符是一元运算符, 只能在运算符的一侧出现一个运算对象(如 −a、i++ 等)。条件运算符是 C 语言中唯一的一个三目运算符, 如 X ? a : b。

(3) 在上述表中, 运算符从上到下按优先级由高到低的顺序排列。

附录4　常用 ASCII 码字符对照表

ASCII 值	字符	ASCII 值	字符	ASCII 值	字符	ASCII 值	字符
0	NUL	32	空格	64	@	96	`
1	SOH	33	!	65	A	97	a
2	STX	34	"	66	B	98	b
3	ETX	35	#	67	C	99	c
4	EOX	36	$	68	D	100	d
5	ENQ	37	%	69	E	101	e
6	ACK	38	&	70	F	102	f
7	BEL	39	'	71	G	103	g
8	BS	40	(	72	H	104	h
9	TAB	41	)	73	I	105	i
10	LF	42	*	74	J	106	j
11	VT	43	+	75	K	106	k
12	FF	44	,	76	L	108	l
13	CR	45	—	77	M	109	m
14	SO	46	.	78	N	110	n
15	SI	47	/	79	O	111	o
16	DLE	48	0	80	P	112	p
17	DC1	49	1	81	Q	113	q
18	DC2	50	2	82	R	114	r
19	DC3	51	3	83	S	115	s
20	DC4	52	4	84	T	116	t
21	NAK	53	5	85	U	117	u
22	SYN	54	6	86	V	118	v
23	ETB	55	7	87	W	119	w
24	CAN	56	8	88	X	120	x
25	EM	57	9	89	Y	121	y
26	SUM	58	:	90	Z	122	z
27	ESC	59	;	91	[	123	{
28	FS	60	<	92	\	124		
29	GS	61	=	93	]	125	}
30	RS	62	>	94	^	126	~
31	US	63	?	95	_	127	DEL

说明：本表只列出了 0~127 的标准 ASCII 字符，其中 0~31 为控制字符，是不可见字符，32~127 为可打印字符，是可见字符。

附录 5　常用的 Turbo C2.0 库函数

　　<math.h>(数学函数头文件)、<string.h>(字符串函数头文件)、<ctype.h>(字符函数头文件)、<stdio.h>(输入/输出函数头文件)、<stdlih.h>或<malloc.h >(动态分配函数头文件)可以表示为 "math.h"、"stdio.h"、"string.h"、"ctype.h"、"stdlih.h" 或 "malloc.h"。

函数名	功　　能	用　　法	库文件
calloc	分配内存空间	void *calloc(size_t nelem, size_t elsize);	malloc.h
free	释放已分配的块	viod free(viod *ptr);	malloc.h
malloc	内存分配函数	void *malloc(unsigned size);	malloc.h
realloc	将已分配内存区的大小改为 size	void*realloc(void*p, unsigned size);	malloc.h
abs	求整数的绝对值：$|x|$	int abs(int x);	math.h
acos	反余弦函数：$\arccos x$	double acos(double x)	math.h
asin	反正弦函数：$\arcsin x$	double asin(double x);	math.h
atan	反正切函数：$\arctan x$	double atan(double x);	math.h
atan2	计算 Y/X 的反正切值：$\arctan(y/x)$	double atan2(double y, double x);	math.h
cos	余弦函数：$\cos x$	double cos(double x);	math.h
cosh	双曲余弦函数：$\cosh x$	dluble cosh(double x);	math.h
exp	指数函数：e^x	double exp(double x);	math.h
fabs	返回浮点数的绝对值：$|x|$	double fabs(double x);	math.h
labs	取长整型绝对值	long labs(long n);	math.h
log	对数函数：$\ln x$	double log(double x);	math.h
log10	对数函数：$\lg x$	double log10(double x);	math.h
sin	正弦函数：$\sin x$	double sin(double x);	math.h
sqrt	计算平方根：$\sqrt{x}$	double sqrt(double x);	math.h
floor	求出不大于 x 的最大整数	double floor (double x);	math.h
fmod	求整数 x/y 的余数	double fmod (double x，double n);	math.h
frexp	把双精度数 val 分解为数字部分(尾数)x 和以 2 为底的指数 n，即 val=$x*2n$，n 存放在 eptr 指向的变量中	double frexp(double val，int *eptr);	math.h
modf	把双精度数 val 分解为整数部分和小数部分，把整数部分存到 iptr 指向的单元	double modf (double val，double *iptr;	math.h
pow	计算 x^n 的值	double pow(double x，double n);	math.h
rand	产生 $-90\sim32\,767$ 间的随机整数	int rand(void);	math.h

函数名	功　　能	用　　法	库文件
sinh	计算 x 的双曲正弦函数 sinh$x$ 的值	double sinh (double x);	math.h
tan	计算 tan$x$ 的值	double tan (double x);	math.h
tanh	计算 x 的双曲正切函数 tanh$x$ 的值	double tanh (double x);	math.h
fopen	打开一个文件	File *fopen(char *filename , char *stream)	stdio.h
fclose	关闭一个文件	int fclose(File *stream);	stdio.h
feof	检查文件上的文件结束符	int feof (File *stream);	stdio.h
ferror	检测文件上的错误	int ferror(File *stream);	stdio.h
fgetc	从文件中读取字符	int fgetc(File *stream);	stdio.h
fgets	从文件中读取一字符串	char *fgets(char *string, int n, FILE *stream);	stdio.h
fprintf	传送格式化输出到一个文件中	int fprintf(File *stream,char *format [, argument, …]);	stdio.h
fputc	送一个字符到一个文件中	int fputc(int ch，File *stream);	stdio.h
fputs	送一个字符串到一个文件中	int fputs (char *stream,File *stream);	stdio.h
fread	从一个文件中读数据	int fread(viod *ptr, int size, int nitems, File *stream);	stdio.h
fscanf	从一个文件中执行格式化输入	int fscanf(File *stream,char *format [, argument]);	stdio.h
fseek	复位文件上的文件指针	int fseek(File *stream,long offset, int fromwere);	stdio.h
fwrite	写内容到文件中	int fwrite(void *ptr,int fromwhere);	stdio.h
getc	从文件中取字符	int getc(File *stream);	stdio.h
getchar	从 stdin 文件中读字符	int getchar(void);	stdio.h
gets	从文件中读取一字符串	char *gets(char *string);	stdio.h
printf	产生格式化的输出函数	int printf(char *format);	stdio.h
putc	输出一字符到指定文件中	int putc(int ch，File *stream);	stdio.h
putchar	在 stdout 上输出字符	int putchar(int ch);	stdio.h
puts	送一字符串到文件中	int puts(char *string);	stdio.h
rewind	将文件指针重新指向一个文件的开头	int rewind(File *stream);	stdio.h
scanf	执行格式化输入	int scanf(char *format[, argument,…]);	stdio.h
itoa	把一整数转换为字符串	char *itoa(int value, char *string,int radix)	stdlib.h
atof	把字符串转换成浮点数	double atof(const char *nptr);	stdlib.h
atoi	把字符串转换成整型数	int atoi(const char *nptr);	stdlib.h
atol	把字符串转换成长整型数	long atol(const char *nptr);	stdlib.h

续表二

函数名	功　能	用　法	库文件
rand	随机数发生器	void rand(viod);	stdlib.h
stpcpy	拷贝一个字符串到另一个	char *stpcpy(char *destin, char *source);	string.h
strcat	字符串拼接函数	char *strcat(char *destin, char *source);	string.h
strchr	在一个串中查找给定字符的第一个匹配之处	char *strchr(char *str, char c);	string.h
strcmp	串比较	int strcmp(char *str1, char *str2);	string.h
strncmpi	将一个串与另一个比较，不管大小写	int strcmpi(char *str1, char *str2);	string.h
strcpy	串拷贝	char *strcpy(char *str1, char *str2);	string.h
strlen	计算串的长度	unsigned strlen(char *str2);	string.h
strlwr	将串转换为小写形式	char *strlwr(char　*str);	string.h
strncat	串拼接	char *strncat(char *destin,char *source, int maxlen);	string.h
strncmp	串比较	int strncmp(char *str1, char *str2, int maxlen);	string.h
strncpy	串拷贝	char *strncpy(char *destin, char *source, int maxlen);	string.h
tolower	把字符转换成小写字母	int tolower(int c);	string.h
toupper	把字符转换成大写字母	int toupper(int c);	string.h

附录 6　常见中、英文词汇对照

一、运算符与表达式

1．constant 常量　　　2．variable 变量　　　3．identify 标识符
4．keywords 关键字　　5．sign 符号　　　　　6．operator 运算符
7．statement 语句　　　8．syntax 语法　　　　9．expression 表达式
10．initialition 初始化　　11．number format 数据格式　　12．declaration 说明
13．type conversion 类型转换　　　14．define、definition 定义

二、条件语句

1．select 选择　　　　2．expression 表达式　　　3．logical expression 逻辑表达式
4．relational expression 关系表达式　　　5．priority 优先
6．operation 运算　　　7．structure 结构

三、循环语句

1．circle 循环　　　　2．condition 条件　　　　3．variant 变量

4．process 过程　　　5．priority 优先　　　6．operation 运算

四、数组

1．array 数组　　2．reference 引用　　3．element 元素　　4．address 地址
5．sort 排序　　6．character 字符　　7．string 字符串　　8．application 应用

五、函数

1．call 调用　　　2．return value 返回值　　3．function 函数　　4．declare 声明
5．parameter 参数　6．static 静态的　　　　7．extern 外部的

六、指针

1．pointer 指针　　2．argument 参数　　3．array 数组　　4．declaration 声明
5．represent 表示　6．manipulate 处理

七、结构体、共同体、链表

1．structure 结构　　2．member 成员　　3．tag 标记　　4．function 函数
5．enumerate 枚举　　6．union 联合(共用体)　7．create 创建　8．insert 插入
9．delete 删除　　　10．modify 修改

八、文件

1．File 文件　　2．open 打开　　3．close 关闭　　4．read 读
5．write 写　　　6．error 错误

附录7　编译预处理

　　编译预处理是 C 语言区别于其他高级语言的一个特点。预处理命令不是 C 的语句，不能进行编译。预处理是指源程序在编译之前，对程序中特殊的命令行进行处理，然后将处理的结果和源程序一起形成一个源文件进行编译生成目标程序，预处理由编译系统中的预处理程序按源程序中的预处理命令进行。使用预处理的目的是改进程序设计环境，提高编程效率。图示如下：

　　C 语言提供了宏定义、文件包含和条件编译三类程序处理命令。

1．宏定义功能

宏定义分为简单的宏替换和带参数的宏替换。

简单的宏替换格式：

　　#define 标识符 字符串

其中标识符是宏名，字符串是宏替换体。

　　功能：编译之前，预处理程序将程序出现的标识符用字符串进行替换。因此，宏定义又叫宏替换。

　　例：已经圆的半径为 5 cm，求圆的周长。

```
#define PI 3.1415926
#include<stdio.h>
int main()
{
    int a;
    float l;
    l=2*PI*l;
    printf("%f"l);
     return 0;
}
```

其中 #define PI 3.1415926 是宏定义，该程序在编译之前，C 的编译系统先用 C 预处理程序对预处理命令进行处理，即在程序中将 PI 替换为 3.1415926。然后再对程序进行编译执行，使用宏定义时，宏通常用大写字母。

　　带参数的宏替换格式：

　　#define 标识符(形参表) 形参表达式

　　功能：用带有参数的标识符来代表形参表达式。

　　例如：

```
#define PI 3.14
#define S(r) PI*r*r
#include<stdio.h>
int main()
{
    float a,area;
    a=3.6;
    area=S(a);
    printf("%f,%f",a,area);
    return 0;
}
```

2. 文件包含

文件包含是指把指定的文件插入该命令行位置取代该命令行，然后把指定的文件和源程序连成一个源文件。

　　格式：

　　#include<文件名> 或 #include "文件名"

功能：用指定的文件名内容代替预处理命令。

例如，sqrt 数学函数，在程序之前要用 #include<math.h>，执行时将 math.h 替换成 sqrt 后嵌入到程序中，即#include 相当于连接作用。C 语言的头文件有<math.h>(数学函数头文件)、<string.h>(字符串函数头文件)、<ctype.h>(字符函数头文件)、<stdio.h>(输入/输出函数头文件)。

3．条件编译

条件编译命令的基本形式介绍如下。

(1) 格式 1：

```
#ifdef 标识符
    程序段 1
#else
    程序段 2
#endif
```

功能：把标识符是否被#define 命令定义过作为条件，如果已经被定义过就编译程序段 1，否则，编译程序段 2。

例如：

```
#ifdef def1
#define def2 15
#else
#define def2 67
#endif
```

如果有 #define def1 6(任何字符值)时，预编译后所有的 def2 都用 15 代替，否则所有的 def2 都用 67 代替。

(2) 格式 2：

```
#ifndef 标识符
    程序段 1
#else
    程序段 2
#endif
```

功能：把标识符是否被 #define 命令定义过作为条件，如果已经定义过就编译程序段 1，否则，编译程序段 2。

(3) 格式 3：

```
#if 表达式
    程序段 1
#else
    程序段 2
#endif
```

功能：当表达式的值为真(非零)时就编译程序段 1，否则，编译程序段 2。

例如：输入一行字母字符，将其中的大写字母改为小写字母或将小写字母改为大写字母。

程序代码：

```
#define LETTER 1
#include <stdio.h>
int main()
{
    char str[20]= "CLanguage",c;
    int i;
    i=0;
    while((c=str[i])!='\0')
    {
        i++;
        #if LETTER
            if (c>='a' && c<='z'
                c=c-32;
        #else
            if (c>='A' && c<='Z')
                c=c+32;
        #endif
            printf("%c",c);
    }
    return 0;
}
```

附录 8　N-S 流程图简介

N-S 流程图的特点就是减少了流程线，流程图为盒状结构。

(1) 顺序结构如附图 1 所示。

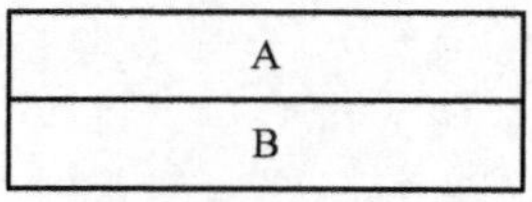

pi=3.14
r=6
h=12
v=pi*r*h
输出 v

A
B

附图 1　顺序结构流程图 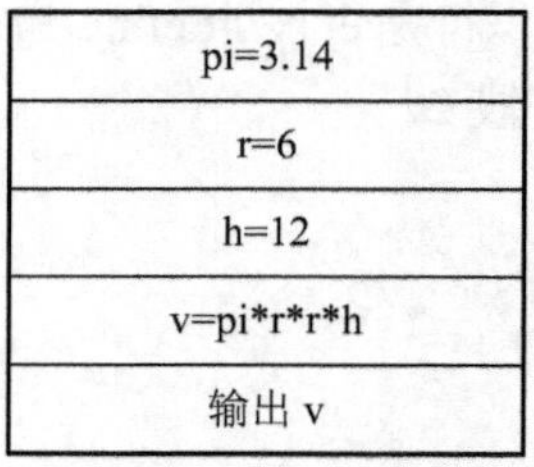　　　　附图 2　例 1 程序的流程图

例 1：下列程序的 N-S 图如附图 2 所示。

```
#include<stdio.h>
```

```
int  main()
{
    int r, h;
    float v, pi;
    pi=3.14 ;
    r=6;
    h=12;
    v=pi*r*r*h;
    printf("v=%f",v);
    return 0;
}
```

(2) 选择结构如附图 3 所示。

if 语句的 N-S 图如附图 3 所示。

例 2：下列程序的 N-S 图如图 4 所示。

```
#include<stdio.h>
int main()
{
    float a,b,max;
    scanf("%f%f",&a,&b);
    if (a>=b) max=a;
        else max=b;
    printf("%f",max);
    return 0;
}
```

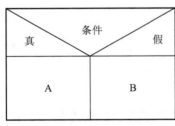

附图 3　if 语句的流程图

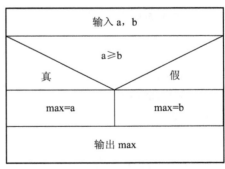

附图 4　例 2 程序的流程图

(3) 循环结构。

① while()的 N-S 图如附图 5 所示。

例 3：下列程序的 N-S 图如附图 6 所示。

```
#inciude<stdio.h>
int main()
{
```

```
    int i,sum=0;
    i=1;
    while(i<=100)
    {   sum=sum+1;
        i++;
    }
    printf("%d\n",sum);
    return 0;
}
```

附图 5　while()的流程图

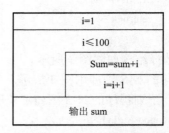

附图 6　例 3 程序的流程图

② do…while()的 N-S 图如附图 7 所示。

例 4：下列程序的 N-S 图如图 8 所示。

```
#include<stdio.h>
int main()
{
    int i,sum=0;
    i=1;
    do
    {   sum=sum+i;
        i++;
    }
    while(i<=100)
    printf("%d\n",sum);
    return 0;
}
```

附图 7　do…while()的流程图

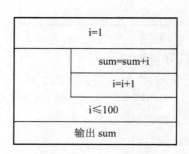

附图 8　例 4 程序的流程图

③ for()的 N-S 图如附图 9 所示。

例 5：下列程序的 N-S 图如附图 10 所示。

```c
#include<stdio.h>
#include<math.h>
int main()
{
    double p, t=0, v;
    int I;
    for(i=0; i<64; i++)
    {
        p=pow(2,i);
        t=t+p;
    }
    v=t/1.42e8;
    printf("tot=%e\n",t);
    printf("vol=%e\n",v);
    return 0;
}
```

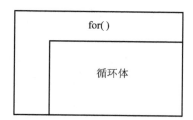

附图 9　for()的流程图

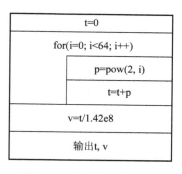

附图 10　例 5 程序的流程图

参 考 文 献

[1]　谭浩强. C 语言程序设计. 第一版—第五版. 北京：清华大学出版社，2005—2017.

[2]　张福祥. C 语言程序设计. 沈阳：辽宁大学出版社，2007.

[3]　田淑清. 全国计算机等级考试(二级教程)：C 语言程序设计. 北京：高等教育出版社，2003.

[4]　白羽. C 语言实用教程. 北京：电子工业出版社，2009.

[5]　李平. C 语言程序设计. 成都：电子科技大学出版社，2005.

[6]　李凤霞. C 语言程序设计教程. 北京：北京理工大学出版社，2010.

[7]　梅创社，李培金. C 语言程序设计. 北京：北京理工大学出版社，2010.

[8]　武桂力. C 语言程序设计项目化教程. 青岛：中国海洋大学出版社，2011.

[9]　谭浩强，田淑清. PASCAL 语言程序设计. 北京：高等教育出版社，1999.

[10]　何以南. C 语言教程. 成都：电子科技大学出版社，1999.

[11]　王立武. C 语言程序设计. 北京：科学出版社，2012.

[12]　杨治明. C 语言程序设计教程. 北京：人民邮电出版社，2012.

[13]　凯利(Kelley) (美). C 语言教程. 北京：机械工业出版社，2007.